U0226109

鸡尾酒

俱乐部

简单易行的78种鸡尾酒调制秘方

（美）莫林·克里斯蒂安－彼得洛斯基 著

潘文捷 译

摄影：塞耶·阿里森·高迪
服装与道具造型：凯伦·肖彼得
食品造型：苏珊妮·兰泽

上海科学技术出版社

图书在版编目（CIP）数据

鸡尾酒俱乐部：简单易行的 78 种鸡尾酒调制秘方 /（美）克里斯蒂安－彼得洛斯基著；潘文捷译．—上海：上海科学技术出版社，2015.8

ISBN 978-7-5478-2705-5

Ⅰ．①鸡… Ⅱ．①克… ②潘… Ⅲ．①鸡尾酒－秘方 Ⅳ．①TS972.19-62

中国版本图书馆 CIP 数据核字（2015）第 142197 号

Text copyright © 2014 Maureen Christian Petrosky
Photographs copyright © 2014 Thayer Allyson Gowdy
First published in the English language in 2014 by Stewart, Tabori & Chang, an imprint of ABRAMS
Original English title: The Cocktail Club by Maureen Christian Petrosky
(All rights reserved in all countries by Harry N. Abrams, Inc.)

鸡尾酒俱乐部
简单易行的 78 种鸡尾酒调制秘方

（美）莫林·克里斯蒂安－彼得洛斯基　著
潘文捷　译
摄影：塞耶·阿里森·高迪
服装与道具造型：凯伦·肖彼得
食品造型：苏珊妮·兰泽

上海世纪出版股份有限公司
上海科学技术出版社　出版
（上海钦州南路 71 号 邮政编码 200235）
上海世纪出版股份有限公司发行中心发行
200001　上海福建中路 193 号　www.ewen.co
上海中华商务联合印刷有限公司印刷
开本 787×1092　1/16　印张 10.75
字数：220 千字
2015 年 8 月第 1 版　2015 年 8 月第 1 次印刷
ISBN 978-7-5478-2705-5/TS·170
定价：68.00 元

本书如有缺页、错装或坏损等严重质量问题，
请向工厂联系调换

内容提要

鸡尾酒，凭借着极具异域风情的名称、丰富的原料，以及独具匠心的制作手法，给人们带来新鲜感并且成为了品位的象征。本书作者以自己长期制作鸡尾酒的实践经验，详细介绍了白兰地、伏特加、威士忌、朗姆酒、金酒等制作鸡尾酒原料酒的基础知识，然后介绍了一年中不同月份经典鸡尾酒和新潮鸡尾酒的制作方法。

全书共分 13 个章节，详细叙述了 78 款鸡尾酒的调制秘方，并附有与鸡尾酒相配的各种简单开胃美食的做法。本书文字简洁、插图精美、操作步骤细致、内容实用，无论阅读欣赏还是实践操作，都能使读者充满乐趣。

如果您热爱生活、热爱鸡尾酒并喜欢亲自动手调制属于自己的个性美酒，那就赶快翻开阅读吧！

目 录

致父母：你们很棒，我无尽感激。

致迈克尔：最幸福的回忆都有你，永远全心全意爱你。

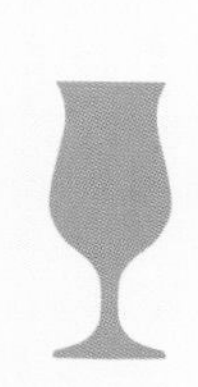

PARI

介绍篇

美酒、佳肴、好朋友：加入俱乐部

住亚特兰大时，我的同事萨拉创办了读书俱乐部。开始情况喜忧参半：有些人是真心想要讨论读的书，而有些人只是去凑热闹。后来我建议把每月的聚会变成葡萄酒聚会，“读书俱乐部”便焕发了新生。工作让我们相识，葡萄酒俱乐部却真正培养了友情。成年人很少有时间培养有意义的友谊，俱乐部却能让我们每个人在品尝、了解美酒佳肴的同时，重新发现友谊，和朋友建立良好的关系。

我毕业于美国烹饪学院，在高级侍酒师理事会取得了侍酒师证书。但是比起在课堂，我在厨房里学到了更多的葡萄酒知识。那次俱乐部活动给了我写作《葡萄酒俱乐部》的灵感。后来我离开了亚特兰大，回到故乡宾夕法尼亚州雄鹿县，这里，我的新活动又促成了《鸡尾酒俱乐部》的写作。

俱乐部中最活泼、最年轻的成员艾米，29岁，有5个孩子，她非常喜欢品酒俱乐部（原因很明显），正是她的一次来电激发我走出葡萄酒世界，进入鸡尾酒领域。轮到她主办时，她打电话给我，讨要几种有趣的鸡尾酒方子。一开始我们做的是阿佩罗菲士，是一款我当时喜欢的起泡小饮料。后来的每月聚会都以一杯鸡尾酒作为开始。我热衷为当晚第一杯寻找新点子，于是，在无数搅拌和摇晃实验之后，我找到了新的爱好，也把品酒俱乐部引向了新方向。

在我进行葡萄酒写作、研究葡萄酒产地、参观世界各国酒庄的许多年里，总无意中获取到一些鸡尾酒知识。但是我从来没想过，有一天鸡尾酒会取代葡萄酒，成为我的挚爱。烈酒的确是我职业培训的一部分，但我并不是调酒师。坦白地说：在鸡尾酒俱乐部开始之前，我完全是个新手。我从来没有好好品鉴过它！但终究，我无法拒绝冰块撞击的迷人声响，更无法拒绝现在装点我酒柜的那些漂亮摇酒壶。

每年，我们的品味会变，味蕾也跟着变化。也许你和朋友的爱好从啤酒转向了葡萄酒，又或者你一直热衷苏格兰威士忌。不管你偏好烈性酒，还是口味偏甜，《鸡尾酒俱乐部》会给你一整年的理由，让你和朋友们每月聚会，了解鸡尾酒的世界，就像是开办自己的小酒馆。不用再逼迫自己读无聊的书籍，也不用翻阅文学导读手册；这个俱乐部只是为了让你在好友的陪伴下，度过愉快的时光。你会了解到，在经典马天尼之外，还有整个世界。但这本书不能让你变成酒吧侍者，更不会让你成为调酒大师——它只会让你找到适合自己的鸡尾酒，并好好享受制作的过程。

学习制作美酒的过程充满欢笑，我和朋友找到了各自擅长制作的招牌鸡尾酒以及喜欢的品种。我们知道有各种各样的俱乐部，比如读书俱乐部、投资俱乐部、编织俱乐部——不管是怎样的俱乐部，都是为了和朋友交流，一起饮酒，顺便学点儿什么。所以今年，加入我的行列，办个鸡尾酒俱乐部吧！

俱乐部启动，一次一种酒

任何人都可以发起鸡尾酒俱乐部。我们每月只尝试一种基酒或一种风格，不管你是新手还是专家都能跟得上进度。不管你对招待客人的小贴士还是对品酒细节感兴趣，都可以从本书学到东西。我在书中写下了举办俱乐部的指导原则，你可以根据自己的情况执行。当然，除了喝酒以外，你还会想要吃一些点心，所以我们收录了从大厨到厨房小白都适用的烹饪配方。没有复杂内容，都是快手冷盘，适合配着鸡尾酒享用。所以穿上鸡尾酒裙，启动俱乐部吧！

宾客名单 一提到鸡尾酒俱乐部，所有人都会积极要求参加，但我建议你每月的宾客名单不要超过十人。我们都喜欢享受社交晚会，但俱乐部的目的在于品酒的同时也学习到东西，所以名单人数需有限制。而且也要考虑到距离问题，方便夜间安全回家。如果你住的地方有公交或地铁就不必考虑这一因素，但是如果在城郊举办聚会，可以叫出租车，也可以轮流做指定司机。

调酒安排 世界上的鸡尾酒配方真的是成千上万，但在此我精简为人气饮品、经典款式和一些潮流新饮。每月选择你最喜欢的四到五款鸡尾酒试味。制作鸡尾酒是学习体会的重要部分，所以我建议你每次聚会时现场制作一两种鸡尾酒，其他大份的可以事先做，这样就有时间熟悉摇酒壶、滤网等工具，也不用整晚忙着调酒。开始的一轮只要试喝和嗅味，一旦找到最喜爱的饮料，后面可以去喝一整杯。

量的控制 那么，每月究竟怎样既品尝四五种鸡尾酒，又记得住学到的内容呢？全靠量的控制。每月的配方给出的是标准量，但为了俱乐部学习，每标准量足够分入三个试饮杯。我建议将试饮的量倒入子弹杯，方便上桌和试喝。一旦试喝过所有鸡尾酒，各成员就可各自摇晃、搅拌、混合，或者满上一杯，愉快地讨论本月的美酒与试喝了。

如果邀请客人不到十人，本书点心菜谱的分量可以让大家每人吃到一至两份。

轮到你主办时

每位俱乐部成员都要准备主办至少一次聚会。轮到你主办时，你应该：

提前计划 如果按照本书内容安排一年的俱乐部活动，选择每月的同一天（比如，每月第一个周五）可以方便成员记住日子。轮到你主办时，提前一周发个提醒，确定参与人数。

以下是主办时所需的物品清单。

- 水。
- 笔和鸡尾酒评价单（见 P11）。
- 数目足够的杯子，以及试喝用的小型子弹杯。
- 点心（自制、购买或让其他成员带来）。
- 垃圾桶，方便一杯喝不完想试下一杯的人。必要时可以用碗、罐或空花瓶。
- 冰。事先制好几盘冰块，放在大拉链袋里，客人来前取出一两包即可。

酒和点心的分工 有些酒很贵，如果一瓶酒超过了二三十美元，可能就需要大家分账。如果你不准备包揽一切，可以把做点心的事分给其他人。

主持聚会 一般来说，客人抵达到坐稳之间最好给一段缓冲时间。然后你可以敲敲杯子，示意开始了。你任务之一就是带着大家试味。多做几份 P11 所示的评价单，让大家可以在摇晃、嗅味、评论时做记录。试味期间，人们会停止交流，这时你可以敲敲杯子，请大家注意手头的任务。试味结束，你的任务就完成了，这时可以加入大家，选择最喜欢的鸡尾酒多喝一些。

建立基本原则

- 夜间聚会开始前，一定要指定好司机，或者确保大家能坐上安全的交通工具回家。半夜才做决定可不好。
- 一比一原则：每喝一杯酒，要喝一杯水。
- 不空腹喝酒：试喝前先吃点填肚子。
- 必须试喝所有鸡尾酒，即使量很少。指定司机除外。
- 必须先尝过、讨论过所有试喝内容，才能倒上一满杯当晚你最喜爱的鸡尾酒。
- 可以用手头任何杯子装酒，但最好不要用陶瓷杯和纸杯，否则会串味儿。
- 不要使用香味唇膏、浓香水，不要用古龙水。

评价

鸡尾酒评价单

基酒类型：
鸡尾酒编号：
色：
香：
味：
酒体：
余味：
第一印象 / 整体点评：

色 这款酒什么颜色？看起来诱人吗？

香 和品尝葡萄酒一样，转动杯子闻一闻，你可以闻到各种不同的香味。试试能否闻出药草、香料、水果和花香。

味 一般来说味道和香气是一致的，但有时舌尖的感觉会更苦或更甜。

酒体 也叫做“口感”，没错，就是口中的感受。爽脆吗？清新吗？平滑吗？甜腻吗？鸡尾酒的类别有从酒体轻盈、艰涩到酒体饱满、浓郁。

余味 酒喝下后残留的感受久吗（余味长），或者喝下后就没感觉了（余味短）？余味宜人还是生硬？

第一印象 / 整体点评 你喜欢酒的外观吗？好看吗？想再喝一次吗？有时候要尝两三口，味蕾才能适应新口味，所以别第一口就下结论。

初始投入

一系列试错后，我发现调制鸡尾酒，选好看的杯子很重要。一开始不需要花哨的行头，只需要准备以下内容让酒柜备货充足。

基本原料

- 比特酒。必备安哥斯图娜，如果想开拓范围可选北秀德。
- 苏打水或矿泉水。
- 新鲜柠檬、青柠、橙子及其他装饰用品，如马拉斯奇诺樱桃和橄榄。如何准备见 P13“装饰指南”篇。
- 冰块和碎冰。
- 调酒饮料。一开始可以使用干姜水和果汁。如何自制调酒饮料见 P15。
- 普通糖浆（见 P15）。

- 橙味利口酒或君度。
- 甜、干味美思。

酒柜配件

- 鸡尾酒摇酒壶。这是最先要购置的设备，如果还没有，要在主办之前买一只（或一对）。如果用两个品脱杯自制，其一用宽口的大杯，另一只杯子稍小，这样倒过来时大杯可以罩住小杯。
- 酒柜工具。有很多有趣有用的工具。我最喜欢的有：开酒器、鸡尾酒勺、调酒棒、柑橘榨汁器、苦艾酒勺 、案板、波士顿摇酒壶、削皮器、酒嘴。
- 玻璃杯。刚开始可购置一系列高脚杯（海波杯或柯林杯）、矮脚杯（洛克杯）和笛形香槟杯。杯子形状会影响客人对饮料味道和香气的感受，好在现在大多数家居卖场的酒具都价廉物美。我喜欢看上去不协调的酒具，所以会在庭院售物或二手店买旧杯子，这样手头备货总很充足。如果杯子数量不够，也不妨让客人自带。

玻璃杯养护贴士

我喜欢洗碗机，但玻璃杯我总是手洗擦干。洗碗机会留下皂液，破坏气味。对啤酒、香槟、起泡葡萄酒等来说，残余皂液会减少气泡，从而影响酒体。

擦干玻璃杯也很重要。洗碗机洗的玻璃杯会因为风干带上条纹或斑点。用脏兮兮的杯子盛酒上桌可不行。擦盘巾可能会留下纤维或气味，所以保险的做法是用纸巾擦拭。

技法

接下来每月的鸡尾酒制作会用到以下基本技法。

调和　只含蒸馏酒的饮料调和就够了。轻轻搅拌几秒，杯子或摇酒壶外侧结霜即可。

挤压　待挤压的水果或药草必须先洗净。挤压前，在杯中加入少量普通糖浆或基酒，用勺子或压棒轻压，释放原料的汁液与芳香。

摇和　有加冰、不加冰两种，后者叫做干摇。加冰要注意不要过度，不要完全冲稀，只需冷却饮料，稍稍稀释。摇和的秘诀是认真摇五次左右，摇酒壶外侧结霜即可。

调和

挤压

摇和

悬浮／分层 实现悬浮要用勺子，最好是平底吧勺。将液体轻轻顺着吧勺背部倒入，使其散开或悬浮在其他鸡尾酒原材料上方。如果从瓶里直接倒，重量和速度会使液体下沉，无法悬浮。

装饰指南

一些基础装饰我们全年都会用到。从左至右是洗净、择好的调味药草，为挤压或装饰用；柠檬片或柠檬轮；待卷的橙皮；青柠角。

家庭调酒师

制作鸡尾酒绝不是简单地把酒混一起，所以酒吧侍者中的“调酒师”就类似于厨师中的“厨师长”。本书不是调酒师教程，只是指明商店选购和动手制作的方向。如果你喜欢尝试 DIY，以下的系列可以教你为酒柜增添手工自制酒。

如何
做浸泡酒

做风味酒或浸泡酒最难的就是选择风味，动手程序则简单有趣，爱好鸡尾酒的朋友都会喜欢。

首先，选用中性伏特加，或朗姆酒，或银特基拉。越烈的酒吸味越快，所以尽可能选度数高的酒。如果酒在 80 度以上，泡完要兑水，防止烧心。比较容易选择的是新鲜药草和辣椒、茴香、黄瓜之类的蔬菜。也可选用新鲜水果，要熟透的，但不要熟烂的。泡 2 杯（480 毫升）酒需要以下材料。

- 辣椒切块，去籽；1/4 杯（60 克）
- 干辣椒整只浸泡；1/4 杯（60 克）
- 不用孜然粉、肉桂粉等会使浸泡液浑浊的细粉末
- 新鲜药草摘叶去茎，防止苦涩，约 6 枝
- 香草豆纵向剖成两半，1 根
- 浆果洗净，整只放入，3/4 杯（175 克）

首先，选用干净、密封的罐子（如梅森罐）。材料洗净入罐，注入约 2 杯（480 毫升）酒精，盖上盖子，放置于柜子或壁橱等凉爽、阴暗处。

不可放暖气上、冰箱顶（发动机会散发热量）或是阳光下。每日需轻摇、检查。约 3 至 7 天时，你会发现味道对了，就制成了。有苦味是放得太久，且时间越长，苦味越重。因此只做 2 杯量（480 毫升）意义就在此——损失小，可重来。不断的尝试是找到最佳口感的唯一方法。

获得理想风味后，取出浸泡物，用干酪包布或咖啡滤纸过滤酒液。可以直接享用，也可像储存普通酒一样保存起来。

如何
自制调酒饮料

店里买的调酒饮料充满人工口感、甜味剂、色素以及防腐剂，只会拖累口感，不能唤出美味。而家庭自制调酒饮料会给酒增添新鲜、明亮的口感。

酸味剂

约 4 杯（960 毫升）量

- $1^{1}/_{2}$ 杯（300 克）糖
- 1 杯（240 毫升）柠檬汁，鲜榨过滤
- 1 杯（240 毫升）青柠汁，鲜榨过滤

制作的要点是平衡酸甜口感。小罐倒入糖和 $1^{1}/_{2}$ 杯（360 毫升）水，加热至糖完全溶解。熄火，冷却至常温。

加入柠檬、青柠汁，搅拌均衡。必须立刻使用，或放入冰箱冷藏。保质期 1 个月。也可以加入橙子、粉葡萄柚等其他柑橘属水果，创造自己的风味。

红石榴糖浆

约 1 杯（240 毫升）量

- 3/4 杯（180 毫升）石榴汁
- 1/4 杯（60 毫升）普通糖浆（下注配方）
- 2 ～ 3 滴橙花水（可选）

红石榴糖浆可以在秀兰·邓波儿和新加坡司令等酒中使用。容器中放入果汁、糖浆和橙花水，摇匀即可。密封在冰箱里保质期 2 周。如果用 1/4 杯（60 毫升）PAMA 利口酒代替 1/4 杯（60 毫升）石榴汁，放冰箱保质期可达 6 周。

普通糖浆

约 $1^{1}/_{3}$ 杯（320 毫升）量

糖水入小罐，中高火煮，烧滚，搅拌至糖完全溶解。如果想泡入新鲜药草等其他调味料，煮前放，糖浆冷却后立即取出或滤掉。放冰箱保质期 3 周。

如何
自制比特酒

约 2 杯（480 毫升）量

比特酒（也叫苦酒）像是调酒师手里的盐和胡椒，是用来给饮料调味的，不一定味苦。酒柜里备有多种口味的比特酒如今也不稀奇，而真正的爱好者则喜欢自制。自制比特酒绝对称得上是大厨和鸡尾酒爱好者的保留项目。

自制的步骤不难，但有些原料比较难找。原料分为三部分：苦味原料，如药草，茎根等植物成分（网上有卖）；提供主要风味的原料；以及基酒。和 P14 的浸泡酒制作一样，度数高的酒吸味快。做比特酒用高度数的伏特加、波旁威士忌、特基拉和朗姆酒都行，不过最终口感不同。

制作比特酒从头至尾要花一个月时间。我修改了比特酒专家布拉德·托马斯·帕森斯的做法，制成了以下的基本配方，你可以在此基础之上加自己喜欢的原料，比如根汁汽水、咖啡、葡萄柚等。

- 2 餐勺干橙皮
- 1 只橙子的橙皮，切条
- 1/4 杯（42 克）干樱桃
- 5 只绿色小豆蔻豆荚，夹过
- 2 根肉桂棒
- 1 只八角茴香
- 1 根香草豆，纵向剖开，刮净（保留豆荚和种子）
- 1/4 茶勺丁香粒
- 1/4 茶勺金鸡纳皮
- 1/2 茶勺桂皮条
- 2 杯（480 毫升）黑麦威士忌
- 2 餐勺浓糖浆（1 份水，2 份红糖，加热至完全溶解，冷却到常温）

将黑麦威士忌、浓糖浆以外的所有原料放入大梅森罐，再倒入黑麦威士忌。装盖密封，置于阴凉处 2 周，每日摇和。

用干酪包布或咖啡滤纸将液体滤入干净的梅森罐。装盖放置。

固体部分放入小炖锅，倒 1 杯（240 毫升）水。煮沸后，盖上锅盖，小火炖 10 分钟关火。冷却后放入另一只干净罐中盖好，置于阴凉处 1 周，每日摇和。

滤出第二只罐中的液体（抛去固体），和早先倒黑麦威士忌的液体混合，加入浓糖浆，盖好后摇匀。常温放置 3 天后，撇去浮沫，再用干酪包布或咖啡滤纸过滤，制成后就能在你喜欢的饮料中使用了。

你可以装小罐送给朋友，也可以全部贮存在自家酒柜。无保质期限，但第一年风味最佳。

酊剂和比特酒的区别

少量使用比特酒和酊剂便能为鸡尾酒增添口感，它们也有重要区别：比特酒有多种调味剂，而酊剂只有一种。比特酒一般经水或甜味剂稀释，而酊剂味道更浓，度数更高。

经典马天尼（见 P24）

一月

金酒

不光是金汤力！

鸡尾酒俱乐部第一次活动，有什么比最负盛名的马天尼更合适开场的呢！这道混饮的灵魂就是妙不可言的金酒。不管是坐在浴缸里品尝，还是身处奢华绚烂的好莱坞，从新手到时尚潮人，这款饮品备受宠爱，因此也是俱乐部首次聚会的上佳之选。

荷兰人在蒸馏过程中施加技巧（他们称为把液体变成酒精饮料），就创造出了金酒，它与啜饮、调和、摇和无一不适用，与各种美味伴侣无一不搭，甚至单喝也是绝佳享受。金酒历史丰富，是鸡尾酒中的主力，可以调制的饮料包括马天尼、尼格罗尼和水果味的新加坡司令等。金酒原本是用来治疗腹痛、肾脏问题的药酒，现在却能治疗一切想象力匮乏、破碎的心，治愈世上一切情绪低落的男男女女。

金酒的要点

要理解金酒，就要明白酒类商店货架上不同金酒的类别。传统金酒是用谷物酿制，以杜松子串香的无色酒，但现代金酒的香料可以包括橙皮、杏仁等等。这些植物、水果以及药草添加在品酒圈子里统称“植物成分（botanicals）”。一开始，除了酒香你可能很难品出或者闻出其他什么，但一旦领会了技巧，就可以辨识出多种不同的香味。

> **酒吧词源**
>
> 英语中“金酒”一词源于荷兰语“genever”，意为杜松。

现代金酒中可含有小豆蔻、肉豆蔻以及以下任何植物成分：杜松子、杏仁、苹果、黑加仑、柠檬皮、橘子、当归、甘草、薰衣草、肉桂（桂皮）。

金酒，以及我们这一年要探索的其他酒，品种都不是单一的。要辨别其中不同，只能挨个品尝。和葡萄酒制造商一样，烈酒制造商也喜欢在酒里来点儿招牌式特色，所以不同牌子间也有小差别。以下是你购物时可能遇到的最常见标签。

伦敦干金酒 点金酒鸡尾酒，一般端上来的都是伦敦干金。“干”说明不甜。伦敦干金是标准英式，植物成分蒸馏时就有，不是后来添加的。这就带来淡雅香醇的口感，是制作鸡尾酒的上佳之选。另外，这种金酒世界各地都有出产，不是只产自伦敦！购买时，比较常见的牌子有：必富达（Beefeater）、孟买和孟买蓝宝石（Bombay and Bombay Sapphire）、经典添加利（Classic Tanqueray）、添加利 10号（Tanqueray 10）、梵高（Van Gogh）、伯德尔斯（Boodles）、杰彼斯（Gilbey’s）、老国王（Old Raj）、城堡（Citadelle）、麦哲伦（Magellan）。

老汤姆金酒 这是一种老式金酒，带点儿甜味。曾经风靡一时，但现在很难找到，因为干金酒更加适合当代人的口味。先打电话到本地酒类商店问好，不然会找得很费神。著名的有海曼金酒（Hayman’s）和蓝塞姆（Ransom）。

普利茅斯金酒 正如合法的香槟只能产自法国香槟区，英国法律也规定普利茅斯金酒只能产于普利茅斯市。它口味和伦敦干金酒类似，但是更丰富——酒体更饱满，香气更多样（从果香味到柑橘味都有）。非常干。只有一个牌子：普利茅斯金酒（Plymouth Gin）。

荷兰金酒或杜松子酒 这就是荷式金酒，余味有浓烈杜松子香气。和英国的老汤姆金酒一样，杜松子酒由麦芽蒸馏而来，因此带些黄色。伦敦金酒更像伏特加，而荷式则更像很淡的威士忌。这个大类之下还包括小类，如新杜松子酒

（jonge genever）就是一种酒体轻盈的新金酒，谷物含量比麦芽酒还更多；陈酒（korenwijn）则是用木桶陈酿的。

由于杜松子酒 / 荷兰金酒味道很浓，最好是纯饮或者加冰饮用，调制为鸡尾酒可能味道会奇怪。这个类型不是很容易找到，著名的牌子有波士（Bols）、波克马（Bokma）、迪凯堡（De Kuyper）、吉娜维芙（Anchor Genevieve）。

现代或西方新式金酒 20世纪八九十年代，为了和伏特加狂热相竞争，一些金酒厂开始模仿无色无香的风格制造金酒。随着鸡尾酒文化的持续繁荣，带有植物成分的新种类金酒也再度出现。它们香气更内敛，使用的植物成分（如香草和薰衣草）口感更平和，与经典品种的杜松子强烈气味迥然相异。新品种金酒依然无色透明，但不一定都由谷物酿制，此外还可以添加各种当地调料。比如，密歇根的格雷林（Greyling）现代干金酒就使用当地薰衣草；必富达湿金酒（Beefeater Wet）是梨子口味的；苏格兰亨利爵士金酒（Hendrick' s）有玫瑰花瓣和黄瓜味；酒体饱满、绵密柔顺的美国飞行牌（Aviation）金酒混合了小豆蔻、薰衣草、印度菝葜和茴芹。

味美思是什么

一旦开始学习调制鸡尾酒，你就会很快明白干、甜味美思都是家庭酒吧中必备的材料。味美思是一种加强（加入了干邑或白兰地等蒸馏酒）型葡萄酒，有红白两色，用植物加香。共有干和甜两大类型，但是最近酒水单上也出现了较为小众的新类型如甜白味美思、琥珀和玫瑰味美思等。它和葡萄酒一样容易变质。以前在美国味美思口碑不好，因为我们实在不知道该拿它做什么。现在我们知道味美思用途广泛，可以当作一种精致的欧式餐前酒纯饮，也可以用作鸡尾酒原料。

干味美思 澄清、味苦、酒体轻盈，是经典马天尼的材料。传统经典法国牌子诺瓦丽 · 普拉（Noilly Prat）或者畅销意大利品牌马提尼罗西（Martini & Rossi）

新年新决定

新的一年，你开始筹备鸡尾酒俱乐部。你的新年决定写好了吗？作出下面几项决定，会让俱乐部活动更有趣。

- 不靠颜色决定喜爱度。也许你会发现波旁比大都会更好喝呢。
- 接受新事物。不要让酒的标签、价格或名声阻挡你寻找真正喜爱的饮料。
- 简单最好。举办和参加应该一样有趣。所以不用费心装饰，不用劳神做昂贵的食物——记住，这是俱乐部，不是竞赛。

都适合制作。你还可能看到的牌子有嘉露（Gallo）、都灵（Dolin）和仙山露（Cinzano）。

甜味美思 一般是红色，酒体饱满，用糖浆增甜。可以制作尼格罗尼或者曼哈顿。诺瓦丽·普拉、都灵和马提尼罗西等牌子都生产品质上佳的甜味美思。

马天尼的历史

和历史上大多数成功事物一样，马天尼的起源众说纷纭，很多地方都自认为是马天尼的起源地。你可以选择任一种喜欢的说法，不过，当然要一边喝着冰凉清爽的马天尼，一边来思考这个问题啦。

有些英国人说这款鸡尾酒起源于19世纪晚期，名字来源于皇家海军著名的马天尼－亨利步枪，如此命名是因为两者都会“kick1”。（虽然我的英国朋友非常看重英国的金酒，但他们都认为马天尼诞生于美国）

在美国我们也有一些传说。有些人认为马天尼诞生于加利福尼亚马丁内斯的调酒师黎塞留之手。还有人说它是旧金山西方酒店的“教授”杰瑞·汤玛斯为一位赶往马丁内斯的矿工发明的。

纽约的纽约人酒店坚称，他们的调酒师马天尼·阿尔马·特拉吉在1910年发明了这款酒并称之为“金酒法”。他的方法是加很多冰调和，滤掉冰块后，在顶部加一条柠檬卷。他的老主顾把柠檬皮换成了橄榄，就创造出我们现在所知的经典马天尼鸡尾酒。

口感测试

关于冰镇金酒，有两种说法。一种主张喝之前放在冰箱里，不需要用冰水稀释。另一种认为经过稍许稀释，金酒的植物成分会风味更佳。结论：你可以用它来做鸡尾酒俱乐部的第一次口感测试！用同一种金酒，第一杯加冰块，第二杯在冰箱里放过半小时以上，第三杯常温，并排放置，依次品尝。你能感受到差别吗？有什么香气是一杯中有而另一杯没有的呢？

一般冰镇的（也就是从冰箱直接拿出来的）蒸馏酒以及葡萄酒被称作是“关着的（closed）”，也就是说低温关住了气味和滋味，使之难以辨别。等酒变温，香气和味道就会放开，更容易辨识了。一般喝冰凉的酒精饮料是因为冰镇可以改变口感，抑制酒的灼烧感，让人喝得更顺畅。

你的鸡尾酒里有鸡蛋吗？

也许你喜欢尝试新鲜的吃法，不过对大多数人来说，鸡尾酒里放生鸡蛋还是很大胆的。除了蛋酒之外，还有几类酒饮里包含这种诱人的蛋白质：菲士系列——比如本月的黑刺李金菲士（见P24）——酸味酒、菲丽普等。酸味酒和菲士有无鸡蛋均可，且一般加蛋清。但蛋酒和菲丽普要整只鸡蛋或者蛋黄。

摇酒壶里放一只生鸡蛋，或只放蛋黄或蛋清，都能让饮料顶层浮起泡沫，增添饮用时的湿热感。如果你喜欢奶油般柔滑的鸡尾酒，可能会喜欢在摇酒壶里加鸡蛋哦。

摇和还是调和?

这种简单的技巧引起过诸多争议。鸡尾酒爱好者眼中的权威著作《萨瓦鸡尾酒手册》认为马天尼应该摇和制成。詹姆斯·邦德的著名台词“摇匀的，不要调匀的”让这一派别赢得不少支持。另一方面，马天尼纯粹主义者却认为必须调和制成，因为摇和会让马天尼被冰水稀释过多。

调制准备

现在我们该好好钻研金酒了。倒酒的时候要注意：首先，确保酒中没有悬浮的颗粒。金酒应该是透明无色的，除非是亮蓝色的麦哲伦金酒。调酒时一般可以闻到杜松、松树、桉油、柑橘皮甚至茴芹和丁香的气味。注意感受口感如何（酒体），是否让你还想再来一杯。

从丝滑优雅的马天尼和尼格罗尼，到有趣的黑刺李金菲士和葡萄柚螺丝锥咸狗，这会是一次难忘的舌尖体验。

本月小贴士

本月使用的金酒除非另作说明，应为伦敦干金酒或美国金酒。

杯子的使用　要准备很多子弹杯或者更小的杯子。一定要有马天尼杯、柯林杯、古典杯、短饮杯等等，以备大家选择。

怀旧经典

经典马天尼

1 人份

原始版本的马天尼要一半伦敦干金，一半诺瓦丽·普拉法国干味美思，0.2 毫升柳橙苦酒。但是现代马天尼要更干。有些人喜欢伏特加马天尼，但是金酒一直是，将来也会是这款鸡尾酒最经典的原料。

- 冰块
- 1/4 杯（60 毫升）金酒
- 1 餐勺干味美思
- 柠檬卷或橄榄，装饰用

在加冰的调酒杯或摇酒壶中，调和金酒和味美思，直到摇酒壶外部结霜。

滤冰倒进冷冻过的马天尼杯，最后进行装饰。如果用柠檬皮装饰，将皮的外部（黄色的一边）擦杯沿一圈，再拧一拧，挤出苦油滴入金酒，最后把柠檬皮放进杯子。如果要橄榄，倒金酒之前轻轻放入杯中即可。

华丽变身

用珍珠洋葱替代橄榄装饰，就制成了吉布森。

黑刺李金菲士

1 人份

黑刺李金酒不是牌子，而是指把熟透的野生黑刺李果浸在金酒里，加糖制成的醇厚的酸味饮料。

- 冰块
- 1/4 杯（60 毫升）黑刺李金酒
- $1\frac{1}{2}$ 餐勺鲜榨柠檬汁
- 30 毫升糖浆（见 P15）
- 90 至 120 毫升苏打水
- 鲜橙片和樱桃，装饰用（可选）

摇酒壶中加冰块，放入黑刺李金酒、柠檬汁和糖浆。摇和后滤冰倒入柯林杯或海波杯中。最后倒入苏打水，如有需要，用鲜橙片和樱桃装饰。

汤姆柯林

1 人份

这款饮料相当时尚，还有专属的杯子，即海波杯，也称高杯。

- 冰块
- 1/4 杯（60 毫升）伦敦干金酒
- 1 餐勺鲜榨柠檬汁
- 1 茶勺细砂糖，或 1/2 茶勺普通糖浆（见 P15）
- 苏打水
- 柠檬片，装饰用

柯林杯或高杯装冰，加金酒、柠檬汁和糖。调和后加入苏打水。以柠檬片装饰，如果喜欢，端上时还可以加一支调酒棒。

华丽变身

只消换一种原料或操作，就可以制成全新的鸡尾酒。利用汤姆柯林的原料，可做出以下这些以金酒为基酒的著名饮料。

- 金酒菲士：所有原料同冰块一起摇和，滤冰倒入玻璃杯。
- 银色菲士：加入一只蛋的蛋清，摇和。
- 金色菲士：加入一只蛋的蛋黄，摇和。
- 皇家金菲士：苏打水换为香槟。

经典螺丝锥

1 人份

要说药用价值，这款金酒和青柠汁混合制成的饮料据说能治。过去船上的水手用螺丝锥打开装青柠汁的小桶，他们用的工具便成为饮料的名字。调制要用到罗斯牌青柠汁（几乎所有杂货店和酒类用品店均有售），萨瓦旅馆酒吧的经典做法是一半金酒一半罗斯牌青柠汁。如果找不到，可以用鲜榨青柠汁加上一茶勺糖或糖浆代替。

- 冰块
- 37.5 毫升金酒
- 37.5 毫升罗斯牌青柠汁
- 青柠角，装饰用

在装冰块的摇酒壶中调和金酒和罗斯牌青柠汁。去冰倒入冰冻过的鸡尾酒杯中，插一角青柠即可。

尼格罗尼

1人份

这是我最喜欢的鸡尾酒之一，鲜艳的红宝石色非常适合当祝酒。

- 冰块
- 30毫升金酒
- 30毫升金巴利
- 30毫升甜味美思
- 60至90毫升冰镇苏打水（可选）
- 鲜橙片，装饰用

鸡尾酒摇酒壶中装冰块，倒入金酒、金巴利和味美思。摇和后滤冰倒入装有冰块的洛克杯中，如果喜欢可以最后倒入苏打水。用鲜橙片装饰。

潮流新饮

葡萄柚螺丝锥咸狗

1 人份

第一次尝到这款凉爽宜人的鸡尾酒是在希腊，我和哥哥在米克诺斯岛度假。传统咸狗是用伏特加制成的，我们换成金酒，加入罗斯牌青柠汁，就变成了螺丝锥风格的咸狗。如果用伏特加，再省略盐边，就变成了灰狗。

- 青柠角
- 粗盐，做盐边用
- 冰块
- 1/4 杯（60 毫升）金酒
- $1^1/_2$ 茶勺罗斯牌青柠汁
- 1/2 杯（120 毫升）鲜榨葡萄柚汁

拿青柠角沿老式杯的杯边擦一圈湿润，杯口轻轻蘸盐。杯中加冰块，倒入金酒、罗斯牌青柠汁和葡萄柚汁，调和制成。

美食时刻

本月我们的开胃点心要充分利用金酒的特色。黄瓜串配螺丝锥堪称惊艳，山羊奶酪伴上一杯醇厚的冰镇马天尼，口味强烈而独特。我们的两种意式烤面包片可搭配任何鸡尾酒，一定会满足你的好胃口。

黄瓜、蜜瓜和薄荷串，搭配辣椒青柠蘸酱

10 至 12 人份

- 1/2 个蜜瓜，去籽
- 1/4 杯（30 克）烤花生，粗切
- 1/2 杯（120 毫升）泰国甜辣酱
- 2 餐勺鲜榨青柠汁
- 24 片新鲜薄荷叶
- 1 根黄瓜，切成 6 毫米厚的片

用水果挖球器在蜜瓜里挖出 24 个球，放一边。

拿一个小碗，把辣酱和青柠汁混合，做成蘸酱。上面撒碎花生。

用长签或短串把一片薄荷叶、一颗蜜瓜球、一片黄瓜串起来。搭配蘸酱和碎花生即可。

意式烤面包片

每种 10 至 12 人份

- 1 根法式长棍，约 55 厘米长，斜切成 1.2 至 2 厘米厚的片。
- 1 至 2 餐勺橄榄油

金枪鱼刺山柑烤面包

- 1 罐（140 克）水浸金枪鱼，沥干。
- 2 餐勺加 2 茶勺蛋黄酱
- 1/2 个柠檬，挤过汁
- 1 餐勺细切火葱或红洋葱
- 1 茶勺橄榄油
- 1/2 茶勺碎柠檬皮
- 鲜胡椒粉
- 1 餐勺刺山柑，粗切

苹果切达干酪烤面包

- 1 大颗澳洲青苹果，去核留皮，切成薄片
- 1/2 个柠檬，挤过汁
- 170 克黄切达奶酪，切成薄片
- 1 至 2 餐勺蜂蜜
- 鲜胡椒粉

烤箱预热，烤架放在距离底部 12 至 15 厘米处。长棍切片放入烤盘，用油涂刷。烘烤到颜色金黄，约 2 至 3 分钟。（注意不同烤箱功率不同，所用时间也不同。）

金枪鱼刺山柑：在多功能料理机的碗里搅拌金枪鱼、蛋黄酱、柠檬汁、火葱、油、柠檬碎皮和胡椒粉，研磨几次直至完全混合。取一半烤长棍，每块上放一满茶勺金枪鱼，撒一小撮刺山柑即可。

苹果切达干酪：用柠檬汁轻拌苹果片，防止氧化变色。另一半烤长棍每块上放 1 至 2 片切达干酪和一片苹果，洒上蜂蜜，最后撒鲜胡椒粉即可。

山羊奶酪

8 至 10 人份

- 200 至 250 克原味软质山羊奶酪，常温。
- $1^1/_2$ 餐勺细切新鲜香葱
- 2 茶勺细切新鲜欧芹
- 2 茶勺细磨柠檬皮
- 2 茶勺鲜榨柠檬汁
- 1/2 茶勺新鲜黑胡椒碎，另多备装饰用
- 盐（可选）
- 1 或 2 只硬皮法式长棍（依照大小而定）

中等大小的碗里，用木勺背面轻轻拍软奶酪。加入香葱、欧芹、柠檬皮和柠檬汁搅匀。撒入胡椒，如需要可加少量盐。

面包撕片，涂抹山羊奶酪。用黑胡椒碎装饰即可上桌。

说明：个人喜欢未烤过的长棍，但也可以将长棍切片，用 175℃的烤箱烤 5 至 10 分钟。

10 分钟简约鸡尾酒

这个月时间紧迫，但还是想组织俱乐部活动？别担心，马天尼和橄榄拼盘就够了。准备好经典马天尼（见 P24）的原材料，金酒备两种。用两种金酒各做出干马天尼和经典马天尼。点心用橄榄拼盘和饼干即可。十分钟就可以搞定啦。

掺酒热巧克力配烤棉花糖（见 P40）

二 月

热鸡尾酒

鸡尾酒俱乐部，躁起来！

准备好品尝这个季节最热门的鸡尾酒了吗？热乎乎的鸡尾酒听起来有些古怪，但是自从发现了火之后，人类就经常喝着热鸡尾酒助眠。如果你非常怕冷，或伤寒感冒，或是经常入住滑雪小屋，那么本月一定有一款热饮适合你。

需要注意，我们喝的是热鸡尾酒，所以一定要在酒冒着热气时上桌。它不是烫坏嘴的酒，也不是不加冰的鸡尾酒，而是你可以一边暖手，一边慢慢品味的饮料，所以记住：不管是用茶壶做香甜热酒，还是用慢炖锅做掺酒苹果西打，热气腾腾都是端上桌的最佳状态。当然，还要注意不要煮沸，因为沸腾会加速酒精蒸发。

杯中没有冰块叮当作响，总感觉少了点儿什么。但我保证，热鸡尾酒的制作和品尝也不失趣味，更何况它如此适合这个寒冷的季节呢！所以，取出你的耐热酒杯，做好准备吧！

香甜热酒不一定热哦

如果你还没喝过香甜热酒，你会马上爱上它。在鸡尾酒的世界，香甜热酒各有区别。其实，还有不热的热酒呢。过去，香甜热酒的原料是蒸馏酒、糖、水和磨碎的肉豆蔻，到 19 世纪头十年末，又加上了柠檬和柠檬皮。传统上，这款饮料凉热均可，在 1801 年的《美国植物志》中，作者将香甜热酒介绍为健康的夏季饮品。如今，香甜热酒有很多种类，但一般都是热饮。

鸡尾酒大师大卫·瓦德里希(David Wondrich) 曾说，传统的香甜热酒只是威士忌、糖、开水，有时再加一点儿柠檬皮。本月我修改了传统做法，加入一点儿新鲜生姜来增味。把糖换成蜂蜜，饮料就不会过甜，也能凸显黑麦威士忌的味道。香甜热酒最好是做一大份放在炉子上，制作得法，它便能伴你挨过寒冷天气；临睡喝一杯，睡得更香甜。几个世纪以来，人们都认为香甜热酒有药物功效，我的家人也一致认为它比任何感冒药都有用。我喝过各式各样的香甜热酒，而黑麦威士忌与生姜的组合一直简单而温暖，从不让人失望。

派对小知识

往玻璃杯（即使是所谓的耐热杯）倒滚烫液体前，先放入一把勺子，防止玻璃杯裂开。勺子起导体作用，可分散部分热量。

调制准备

咖啡里倒点儿酒，就是热鸡尾酒了？并不是这样。喝热鸡尾酒有趣，但制作也需要工艺。所以和制作冷鸡尾酒一样，请确保剂量和调制方法准确无误。

本月，我们的热饮有烈有甜，有经典的黑麦生姜香甜热酒（见 P37），也有新流行的盐味焦糖热鸡尾酒（见 P39）。分别试试掺酒苹果热西打、加香热红酒和掺酒热巧克力，看你喜欢哪一种吧！

本月小贴士

杯子的使用　这个月需要马克杯或耐热玻璃杯。尤其是调制爱尔兰咖啡时，最好能有专用的刻线咖啡杯，确保咖啡和威士忌的比例正确。可以用马克杯救急，但要确定好咖啡的量，不能多倒。

保温　由于热气腾腾才能上桌，保存热鸡尾酒比冷鸡尾酒更需要技巧。酒放在慢炖锅中低火加热可以保温，因此可以请客人带锅来参加俱乐部。

设置酒水台也能让俱乐部进展顺利。厨房酒水台（足够大的话）提供两种鸡尾酒，一壶香甜热酒，另一壶带长柄汤勺的西打或热红酒或热巧。如果能弄到一两口慢炖锅，放在其他房间供酒，可以防止厨房拥堵。

加香　鸡尾酒故事中，过去的酒吧老板和调酒师手边会常备调酒的香料盒。你也可以用盒子装肉桂、肉豆蔻、丁香、茴芹等全套香料（我肯定你有很多朋友没见过一整只肉豆蔻）。或者将香料散装保存，在酒柜中存一块手持式磨粉器，即用即磨。或者用干酪包布和麻线做自己的吧台香料袋。

怀旧经典

黑麦生姜香甜热酒

1 人份

有的黑麦威士忌强劲辛辣，有的顺滑且带有香草焦糖风味，也有的介于两者之间，因此它是制作香甜热酒的最佳原料。改用波旁、爱尔兰威士忌或苏格兰威士忌，会创造出不同的风味。如果你想要尝试全新风格，不妨用花草茶或红茶代替热水。

- 2至3片新鲜生姜，去皮
- 45毫升黑麦威士忌
- 2茶勺蜂蜜
- 柠檬角，约1/8只柠檬

茶壶或炖锅中倒入1杯（240毫升）常温水，放生姜。水加热至茶壶鸣笛或水冒蒸气。

热水时，取耐热马克杯，放威士忌和蜂蜜，挤入柠檬汁。热姜水滤入马克杯，调和溶解蜂蜜即可。

加香热红酒

10 人份

以前，热红酒从来不在我的考虑范围内。但去年圣诞节，一杯加香热红酒给我带来了整个冬天最棒的派对。现在加香热红酒已经成为我们假日的保留节目，冬天也常喝。一般来说它的原料是热红酒、糖和香料，有时也加白兰地。即使你过去没有接触过，你也一定会喜欢这次以胡椒粒和茴芹加香的版本。

- 2瓶（750毫升）新鲜优质红葡萄酒
- 1/2杯（240毫升）蜂蜜
- 橙皮，1枚量
- 柠檬皮，2枚量
- 1餐勺胡椒粒
- 3整只八角
- 3根肉桂棒
- 4根丁香

取大壶或慢炖锅，放入原料搅匀，中低火加热至冒蒸气，不要煮沸。温度调低，用长柄汤勺把酒舀进马克杯或耐热玻璃杯。享用吧！

爱尔兰咖啡

1 人份

爱尔兰咖啡里都掺有威士忌，无怪乎爱尔兰人见面总喊："祝你有好心情！"爱尔兰咖啡有多种配方，不过基础配方都是热咖啡、红糖、爱尔兰威士忌，最上面浇注新鲜掼奶油。注意：任何时候拿热咖啡、热可可或热茶鸡尾酒待客，都必须是新鲜的。不能拿之前剩下的凑数。

- 1/2 至 3/4 杯（120 至 180 毫升）新制热咖啡
- 1 茶勺红糖
- 45 毫升爱尔兰威士忌
- 新鲜掼奶油

先用热水将马克杯或玻璃杯冲洗祛寒，防止破裂。倒入咖啡至 3/4 满，加糖。调和至红糖溶解，加威士忌，顶部挤上掼奶油即可。记得趁热喝哦！

华丽变身

布纳·维斯塔爱尔兰咖啡：以两块白糖代替红糖，轻轻搅打奶油，从热勺子的背面倒进咖啡。

百利爱尔兰咖啡：将爱尔兰威士忌替换为百利甜酒，这比传统版本更甜美、饱满。

墨西哥咖啡：威士忌换成一半特基拉一半香甜咖啡酒。

总统咖啡：庆祝美国总统日时，把威士忌换成樱桃白兰地，搅打奶油时加一茶勺石榴汁。

热黄油朗姆

1 人份

把黄油放进饮料好像是犯忌，但必须承认，黄油能让任何东西（包括鸡尾酒）变得非常美味。我喜欢黄油混好香料后放进杯子，如求简便，分别加也可以。

- 1 茶勺无盐软黄油
- 1 茶勺红糖（6.5% 糖蜜）
- 1 撮肉豆蔻
- 4 滴香草精
- 1/4 杯（60 毫升）深朗姆
- 1/4 杯（60 毫升）沸水
- 1 根肉桂棒

取耐热马克杯或玻璃杯，将黄油、糖、肉豆蔻和香草用勺子背面混匀。倒入朗姆酒、沸水和肉桂棒调匀。趁热上桌。

自制掼奶油

童年时，我的一位小伙伴的妈妈总是备着做热可可的新鲜掼奶油，对我来说真是终极享受。长大后我依然觉得，热鸡尾酒上浇新鲜掼奶油是最棒的美味。

可以用有打蛋器装置的电动搅拌机或手持式打蛋器来完成这个配方。如需改变风味，可以每次添加 1/2 茶勺自选萃取液或蒸馏酒。

- 2 杯（480 毫升）重打发奶油，冷却
- 1 餐勺糖粉，需筛过，也可多备

增味

- 1/2 至 1 茶勺调味香料（可选）

在干净的碗中将奶油和糖混匀，按照喜好加香料。搅打至混合物膨胀至 3 倍大并能形成软峰。

说明：如果不熟练，打出软峰就可以了（拿走打蛋器，软峰会轻轻弯下），上桌前再搅打几次，让奶油呈硬峰状态（奶油立起）。但如果打过头就无法挽救了。

潮流新饮

盐味焦糖热鸡尾酒

1 人份

- 1/4 杯（60 毫升）深朗姆
- 1 餐勺焦糖酱
- 1 茶勺无盐软黄油
- 4 滴香草精
- 1/4 杯（60 毫升）沸水
- 新鲜掼奶油（如上）
- 少量海盐

取耐热马克杯或玻璃杯加朗姆、焦糖酱、黄油、香草和水，调和均匀。顶部挤上新鲜掼奶油，撒一把海盐。

掺酒苹果热西打

1 人份

- 1/2 杯（120 毫升）苹果西打
- 1/4 杯（60 毫升）奶油味伏特加
- 1 根肉桂棒
- 新鲜掼奶油（如上）

炖锅中加西打、伏特加和肉桂调匀，开中火，煮至温热即可。用耐热马克杯或香甜酒杯盛放，顶部挤上新鲜掼奶油。

掺酒热巧克力配烤棉花糖

4至6人份

- 4杯（960毫升）全脂牛奶
- 1/2杯（100克）糖
- 1/3杯（35克）无糖可可粉
- 少量盐
- 3/4杯（180毫升）棉花糖味伏特加
- 4至6块棉花糖，烘烤（配方如下）

取小炖锅，开中火，加入牛奶、糖、可可和盐。不要走远，因为牛奶会很快沸溢。搅打至奶油般顺滑，且冒着热气。

可可分入 4 至 6 只耐热杯子，每杯添加 30 ~ 45 毫升伏特加，调匀。

烘烤棉花糖。把棉花糖放进垫锡纸的烤盘，用厨房喷火枪或烘烤炉烤至所有面均变为棕色。

每杯热可可上放一块烤棉花糖即可。

美食时刻

喝热鸡尾酒，吃简单的点心最好。热鸡尾酒味道有甜有酸，本月的点心也与之配套。西班牙辣香肠与能多益（Nutella）意式烤面包片入口是巧克力榛子酱的甜美，吃完还有辣香肠的余味，非常适合搭配香甜热酒和热红酒。简约优雅起司盘则囊括了咸、甜、香等多种口味，完美搭配盐味焦糖热鸡尾酒和掺酒苹果热西打。吮指甜香坚果可以和本月任一款酒伴食，它能为甜饮添香，给辣酒增味。

吮指甜香坚果

12 至 14 人份

- 2/3 杯（130 克）砂糖
- 1/3 杯（65 克）盒装红糖（含 6.5% 糖蜜）
- 3/2 餐勺盐
- 1 茶勺肉桂粉
- 1 茶勺粗切新鲜迷迭香
- 1/4 茶勺红辣椒
- 1 大只鸡蛋蛋清
- 455 克花生、山核桃仁或杏仁（或组合）
- 1/2 杯（70 克）松子

预热烤箱至 150℃。

取小碗，装糖、盐、肉桂、迷迭香和辣椒，混匀。

取大碗，蛋清加 2 茶勺水打至起泡。加入坚果搅拌，均匀裹上蛋清。撒糖拌匀。

烤盘垫羊皮纸，铺一层裹糖坚果，烤 20 至 25 分钟，期间搅拌几次，烤至金黄泛棕即可。取出坚果，散开冷却。

常温上桌或冷却后存进密封容器，最长可存 1 周。

简约优雅起司盘

20 人份

- 1 小块熟布里奶酪
- 170 克蓝纹奶酪
- 200 克烟熏高达奶酪
- 225 克曼彻格奶酪
- 2 餐勺腌樱桃
- 1 餐勺蜂蜜
- 约 115 克榲桲酱
- 1 扎无籽红葡萄
- 1 扎无籽绿葡萄
- 1/2 杯（85 克）樱桃干
- 3/4 杯（130 克）杏干
- 面包棒或饼干
- 取大浅盘或木砧板，将四种奶酪分别放在四角。

布里奶酪切一小角；将腌樱桃铺在整轮奶酪上，让其沿侧面下滴。蓝纹奶酪上洒蜂蜜，让一点儿汪在盘子或板子上。榲桲酱置于曼彻格奶酪旁边。

两扎葡萄放对边，果蒂朝着浅盘或砧板的角落。作用是给奶酪锦上添花，不可数量过多，喧宾夺主。

分别将樱桃干和杏干拢成堆。另配面包棒或饼干上桌。用小刀从每块奶酪上切几片，作为美味一餐的开始。

西班牙辣香肠 & 能多益意式烤面包片

10 至 12 人份

- 1/2 只小法式长棍，斜切成 1.2 至 2 厘米厚的薄片，共 18 片
- 能多益
- 1 段 15 厘米长的西班牙辣香肠，斜切为非常薄的切片

能多益（Nutella）

能多益（Nutella）是意大利厂商 Ferrero 生产的榛子酱，可如牛油、花生酱般涂在面包、饼干等食物上来增添美味，也可以用作烘烤糕点的馅料。

每片面包上涂抹少许能多益，上放 2 至 3 片西班牙辣香肠。

说明：务必购买西班牙辣香肠，不要买墨西哥香肠。前者是发硬的腌制香肠，可即食；后者则是生香肠，加工后才能吃。买不到可以用煮熟的辣香肠代替。

10 分钟简约鸡尾酒

你听说过“苹果派缺奶酪，亲吻没拥抱”的俗语吗？新英格兰人喜欢在苹果派上加切达奶酪，这种做法后来流行于全世界。这个月，如果你没有时间调制四五种鸡尾酒，尝试将这对组合改成掺酒苹果热西打（见 P39）配一盘切达奶酪、面包棒和饼干，既快捷又香甜哦。

边车（见 P50）

三 月

白兰地

一杯酒，多面性格

本月，摇酒壶中的明星是白兰地。从甜美的苹果白兰地到严肃的干邑，我们会探索她的多面性格。我们首先从清爽的边车和果味的新加坡司令等经典入手，然后用流行手法制作梅森罐罗勒皮斯科酸酒和白兰地亚历山大冰淇淋。注意系好安全带哦，我们驶入了白兰地的世界！

白兰地基础

白兰地是用葡萄或其他水果发酵蒸馏酿成的烈酒。白兰地和干邑的差别可能有些让人理不清。正如香槟是法国香槟区生产的起泡酒，干邑就是法国干邑地区生产的白兰地。在浓郁的干邑轩尼诗（Hennessy）、人头马（Rémy Martin）、路易老爷（Louis Royer）、拿破仑（Courvoisier）和可口的美国嘉露（E & J）、克利斯丁兄弟（Christian Brothers）、保罗梅森（Paul Masson）当中，你可能都尝到过这种熟悉的滋味。实际上，即使你自己觉得没喝过白兰地，也可能是喝过但没察觉。

白兰地可能比其他酒更复杂，因为标牌和种类实在繁多。所以我在下面列出了所有子类别，每种都有其独到之处。本月俱乐部的鸡尾酒可以用下面列出的任一种美国牌子。如果你像我的朋友兼同事马克·斯皮瓦克所说的“有钱任性”，也可以用干邑代替。

白兰地 101

Eau de vie 法语，意为“生命之水”，是一种蒸馏烈酒，原料是葡萄之外的几乎任何发酵水果。但有一类叫做 eau de vie de vin，是用干邑和雅文邑外的葡萄制的。Eau de vie 澄清无色，不在木桶陈酿，一般作餐后酒饮用。口味都写在标牌上。除了饮用以外，这些典型果酒都可以做出绝佳的甜点，尤其是巧克力甜点。最受欢迎的口味有：樱桃（kirsch/kirschwasser）、覆盆子（framboise）、李子（mirabelle）、梨（Poire Williams）和苹果（pomme）。

酒吧词源

白兰地的名称来源于荷兰语“brandewijn”，意为“烧的酒”，指的是蒸馏过程中酒的加热。

干邑和雅文邑 世界上最好的葡萄白兰地来自于法国西南部的干邑和雅文邑，价格有一瓶 20 美元的，也有稀世陈酿在拍卖会上卖出天价。两者中，干邑绝对在国际上更流行，而雅文邑还正努力在法国以外的酒馆取得一席之地。你可以通过标牌区分两者。

- 三星或 V.S. 意为非常特别（Very Special），指用橡木桶（尤指法国利穆赞和特朗赛地区出产的橡木桶）陈酿至少 2 年。
- V.S.O.P 意为非常优质的浅色陈酿（Very Superior Old Pale），指用橡木桶陈酿至少 4 年。
- X.O. 意为特陈（Extra Old），指陈酿至少 6 年，这个标准将要提高到 10 年。

雅文邑在杯中显得有些不够完美。它比干邑味道更浓，一般制作鸡尾酒不会用它；气味有些难闻，像是勃艮地葡萄酒中有时候出现的谷仓气味；还有点儿戳嗓子——绝对是要慢慢适应的口味。因为用橡木陈酿，两者都会带上香草和焦糖的特征，但干邑更温和，雅文邑更具攻击性。

卡尔瓦多斯 是另一种法国白兰地，用苹果汁发酵蒸馏，在利穆赞橡木桶中陈酿制成。卡尔瓦多斯是淡焦糖色，苹果味有酸而脆、生到熟和多汁的多种口味。你也可能尝出肉桂甚至咸奶油糖的香味。这种白兰地比干邑和雅文邑都更有乡村气息，在厨房中可以制作出美味的酱汁和糖浆。

苹果白兰地 这种美国白兰地的历史可追溯到清教徒移民时期，它可是殖民地圈子里的绝佳饮料。在最著名的酒庄新泽西的拉尔德和朋友们（Laird & Company），每瓶美味的苹果白兰地都需 9 千克苹果制成。苹果白兰地可以制作各种美味的鸡尾酒，和它的法国兄弟卡尔瓦多斯有一样的苹果口感和香气。

赫雷斯白兰地（雪利酒） 和干邑、雅文邑一样，这种白兰地只在它以之命名的西班牙赫雷斯地区生产。西班牙白兰地是大人物的饮料，比干邑泥土味更重，种类包括较淡的含坚果酒，也包括含有糖蜜、葡萄干、焦糖等多种成分的酒饮。这些最好是饭后纯饮。索雷拉（Solera）一般陈酿年份 1 年，比较淡，有果味。索雷拉珍藏级（Solera Reserva）平均在雪利桶中陈酿 3 年，而索雷拉特级珍藏级（Solera Gran Reserva）陈酿年份会在 10 年及以上。

皮斯科 秘鲁还是智利的皮斯科都有从澄清微黄至琥珀色的不同类别。秘鲁皮斯科在罐式蒸馏器中制作，小量装瓶。由于这种装瓶方式，它比智利皮斯科质量更参差不齐。而后者生产技巧更现代，每瓶量更大，所以要更淡更亮，更容易用来制作各种鸡尾酒。

口感测试

本周设置皮斯科酸酒口感测试。准备一瓶商店买的酸酒，一份自制酸酒（15 页），尝一尝，让味觉做出判断。一般商店买的酸酒更甜，有一种化学余味。所以如果你偏好比较甜的酒，会喜欢商店买的。如果和我一样不喜甜，那么要自己动手的事情就新添了一件。

渣酿白兰地 也称“穷人的白兰地”，在法国叫做 marc，意大利叫做 grappa，各有自己的拥趸。渣酿白兰地是用制酒过程中压出的葡萄渣（茎、皮之类）酿成的。鸡尾酒中我们不用它，因为我们追求的不是一下子累坏味蕾，而是有层次的滋味。

派对小知识

白兰地克鲁斯塔是一种经典白兰地鸡尾酒，用马拉斯奇诺樱桃利口酒、鲜榨柠檬汁、君度、比特酒和柠檬皮制作。它被认为是第一款“花式”鸡尾酒。19 世纪 50 年代在当时最高档的新奥尔良南方宝石酒吧，约瑟夫・桑蒂尼发明了此酒。白兰地克鲁斯塔是第一款高脚杯上有“硬边”的鸡尾酒，是用一角柠檬擦湿杯口再蘸糖制成的。今天，我们要感谢白兰地克鲁斯塔，激励出市面上糖边的各种漂亮色彩和花样口味。

调制准备

白兰地鸡尾酒种类繁多，有活泼提神的皮斯科酸酒，也有醇厚香甜的白兰地亚历山大。新做法也不少，如在皮斯科酸酒里加罗勒，把白兰地亚历山大做成美味的冰激凌鸡尾酒等。本周我们就要尽现白兰地的不同风味。如果想要尝试干邑为基酒的饮料，可以试试经典边车；如果喜欢果味，那就必须摇和一杯新加坡司令。

本月小贴士

一般如果纯饮白兰地，可以用白兰地杯，这是一种口窄腹大的玻璃杯。杯子表面积很大，可以用手紧贴，捂暖白兰地，而窄口会锁住香气，满足你的嗅觉。

品尝鸡尾酒，只需要海波杯和老式杯。也可以从杂货店购置一些梅森罐——在做传统皮斯科酸酒（见 P49）或梅森罐罗勒皮斯科酸酒（见 P51）时，它既可做摇酒壶，也可以做盛装容器。梨和普罗赛柯鸡尾酒（见 P51）要用笛形香槟杯，所以如果本月要做上述鸡尾酒，别忘了先准备好器具。

怀旧经典

皮斯科酸酒

1 人份

传统皮斯科酸酒要放一份蛋清。如果不习惯这种口味，可以改做梅森罐罗勒皮斯科酸酒（见 P51）。

- 冰块
- 1/4 杯（60 毫升）皮斯科
- 30 毫升鲜榨柠檬汁
- 30 毫升糖浆（见 P15）或 1 茶勺糖
- 1 只小鸡蛋的蛋清
- 3 至 4 滴安哥斯图娜比特酒

摇酒壶中加冰，倒入皮斯科、柠檬汁、糖浆或糖，加蛋清摇和。滤冰倒入冷冻过的鸡尾酒杯，最后滴入比特酒即可。

新加坡司令

1 人份

司令——不论基酒为金酒、威士忌、黑麦威士忌还是其他——指的是一种加甜的酒精与水混合饮料。这种饮品在鸡尾酒时代之前就已经存在，最著名就是来自新加坡莱佛士酒店的严崇文在 20 世纪早期发明、至今依然在售的新加坡司令。这款顶端有泡沫的清爽饮品是夏季的绝佳搭档。想要真正体验一把莱佛士的生活吗？一边喝司令，一边吃烤花生吧！

- 冰块
- 1/4 杯（60 毫升）金酒
- 1/4 杯（60 毫升）菠萝汁
- $1^1/_2$ 餐勺樱桃甜酒或樱桃白兰地
- $1^1/_2$ 餐勺鲜榨青柠汁
- 2 茶勺当酒
- 2 茶勺君度
- 0.4 毫升红石榴糖浆（见 P15）
- 0.2 毫升安哥斯图娜比特酒
- 苏打水
- 马拉斯奇诺樱桃，装饰用
- 菠萝角，装饰用
- 鲜橙片或扭橙片，装饰用

摇酒壶装冰，依次加入金酒、菠萝汁、樱桃甜酒、青柠汁、当酒、君度、红石榴糖浆和比特酒。

摇和，滤冰倒入装有冰块的海波杯或柯林杯。最后搀一点儿苏打水，以樱桃、菠萝角和橙片装饰。

边车

1 人份

和许多酒一样，边车也有很多版本，但是都包括这三种原料：干邑、君度和鲜榨柠檬汁。正如“鸡尾酒博士”特德·海格所说，它是一种“怎么改都好喝”的饮料。太甜了？少放君度。太烈了？少放白兰地。太酸了？少放柠檬汁。下面介绍一种老配方，不过你只要有这三种原料，完全可以按自己的口味来变动。

- 冰块
- 1/4 杯（60 毫升）干邑
- 30 毫升君度
- 30 毫升鲜榨柠檬汁
- 柠檬角，可选
- 糖，做糖边，可选
- 火烤橙皮（下面有制作指南；可选，但很有趣！）

干邑、君度和柠檬汁放入摇酒壶中加冰摇和。

用柠檬角擦拭老式杯杯口一圈，如果喜欢，可轻轻给杯口蘸糖。杯中加冰，饮料滤冰倒入杯中。最后还可以加上火烤橙皮装饰。

如何制作火烤橙皮

火烤橙（或柠檬）皮这种酒吧绝技一定会给客人留下深刻印象。制作很简单：从果实中间开始，用锋利的削皮刀环绕削皮。只要皮，所以尽可能都削下苦味的海绵层（白色部分）。用火柴或打火机在杯子上方点火，另一只手握住皮，海绵层朝自己，轻轻将油挤入火焰中。火焰会突然迸发，所以要小心别对着人。烧着后把皮扔进玻璃杯即可。

潮流新饮

梨和普罗赛柯鸡尾酒

1 人份

- 30 毫升梨味生命之水
- 90 毫升冰镇普罗赛柯

取笛形香槟杯，先后倒入梨味白兰地和普罗赛柯。

梅森罐罗勒皮斯科酸酒

1 人份

小梅森罐可以说是我最喜欢的派对调酒工具，它小巧可爱，可充当摇酒壶。主人把原料放入梅森罐，宾客可以自行加冰，也可加入喜欢的起泡材料，合上盖，摇和制酒，这样主人就不用一直在吧台忙了。记得吧台上留一瓶苏打水给那些喜欢酒中起泡的客人。

- 冰块
- 1/4 杯（60 毫升）智利皮斯科
- 30 毫升鲜榨青柠汁
- 30 毫升糖浆（见 P15）
- 4 至 6 片新鲜罗勒叶（放入梅森罐之前搓揉或研细）
- 苏打水（可选）

梅森罐或摇酒壶中放满冰，加入皮斯科、青柠汁和糖浆。搓揉或研细罗勒叶片，放入其中。合上盖子摇和。

如果喜欢，可打开盖加一点苏打水。滤冰倒入玻璃杯中，即刻享用。

美食时刻

本月我们有简单又优雅的帕马森干酪配无花果饼——它可以完美适配任何一种起泡饮料，也包括本月的梨和普罗赛柯鸡尾酒（见 P51）。本月菜单中，还有秒杀全场的香煎贝柱浸苹果白兰地奶油酱，搭配边车非常美味。最后，我们以甜蜜香浓的白兰地亚历山大冰淇淋结束本次俱乐部活动。快来享用吧！

白兰地亚历山大冰淇淋

6 至 8 人份

- 2 杯（480 毫升）重奶油
- 1 杯（240 毫升）半奶半奶油
- 3/4 杯（75 克）糖
- 1/2 香草豆
- 6 枚大鸡蛋的蛋黄
- 90 毫升白兰地
- 1/4 杯（60 毫升）可可香草甜酒

厚底锅里加入鲜奶油、稀奶油、糖和香草豆煮沸。

蛋黄放入不锈钢大碗。每次倒入少量热奶油，一边倒一边持续搅打，直至奶油完全混合。重新倒入锅中，中火热 1 分多钟，持续搅拌。熄火过滤，将蛋奶糊倒入干净的碗中。加入白兰地和可可香草甜酒搅匀。

将装有蛋奶糊的碗放入装满冰水的大碗中冷却，直到触感凉爽。将蛋奶糊装入耐冷器具，根据说明书用冰激凌凝冻机冰冻。

这些工作可以提前一周完成，存在凝冻机里。要上桌时，用冰激凌高脚杯或者小碟子盛一勺即可。

香煎贝柱浸苹果白兰地奶油酱

8 人份

- 1 餐勺特级初榨橄榄油
- 1 餐勺细切葱
- 1/4 杯（60 毫升）卡尔瓦多斯
- 1/2 杯（120 毫升）重打发奶油
- 8 只大贝柱，拍干
- 盐和鲜胡椒粉
- 植物油，油煎用
- 1/4 杯（60 毫升）新鲜未过滤苹果汁
- 1 大片蒜瓣，研碎

- 140 克新鲜菠菜叶

大不沾煎锅里放 1/2 餐勺橄榄油，中高火加热。加葱搅拌 30 秒。倒入卡尔瓦多斯（注意白兰地可燃）煮 30 秒。倒入奶油再煮 2 分钟。酱舀入碗，冷至常温。可以提前 2 小时制成。

贝柱撒盐、撒胡椒。用另一只大的不沾煎锅高火热油（植物油），放入贝柱。中高火煎至金黄，每面约煎 2 分钟。贝柱入盘。

同一热锅中加果汁烧 1 分钟，捞出棕色渣滓。加入奶油酱焖煮后舀出。

剩余 1/2 餐勺橄榄油放入炖锅，中高火加热。加大蒜拌 30 秒，放菠菜拌至有点儿蔫但仍呈亮绿色，约 2 分钟。以盐和胡椒调味。

用钳子把菠菜平均分入 8 只碟，堆在中央。可以提前做，只要在常温下盖好。每堆菠菜上放一只贝柱。用勺子在贝柱上浇白兰地奶油酱。

帕马森干酪配无花果饼

10 至 12 人份

- 12 片白面包，去皮
- 1/4 杯（80 毫升）无花果酱
- 55 至 85 克帕马森干酪
- 2 餐勺特级初榨橄榄油
- 鲜胡椒粉

烤箱预热，烤架距离底部 12 至 15 厘米。面包放入烤盘，中途翻面，烘烤 2 分钟或烤至金黄泛棕。

每片面包上放 1 茶勺果酱，对角线方向切半。用水果削皮器削出干酪卷，放 2 至 3 片在每块三角面包上，滴油，撒胡椒粉。

10 分钟简约鸡尾酒

本月要调制边车（见 P50）或梅森罐罗勒皮斯科酸酒（见 P51）。如果你要做老式边车，可以附上吮指甜香坚果（见 P41）等酒吧标准小食。如果要做轻盈刺激的皮斯科酸酒，摆一盘西班牙火腿或意大利熏火腿裹罗马甜瓜和蜜瓜块，配小碗的花生杏仁，10 分钟就完成了！

菠萝蜜蜂（见 P64）

四 月

伏特加

最受欢迎的酒吧饮料

好啦，本月的鸡尾酒俱乐部，你终于可以尝到鸡尾酒比赛中的种子选手：伏特加了。虽然遭到鉴赏家的冷落，但数字是不会说谎的——伏特加的酒吧销售额轻松超越了它的任何竞争对手。

伏特加受欢迎的原因显而易见。它没有密码般难懂的标签和制造年份，不同品牌之间也不存在让人猜不透的细微口味差别。它透明无香，适合纯饮，也能很好地和摇酒壶中其他原料混合，带上它们的风味。

总的说来，可以通过辣度和烧嗓子程度区别伏特加。它可能没有复杂的风味和香气，但不同的品牌会有微妙的差别，比如多点儿甜味，或口感有些油滑。纯度——即没有任何真正特点——在伏特加当中是被称赞的品质。它与果汁、苏打水等在摇酒壶中混合时，差别细微到几乎不能辨别。这种属性让伏特加有开放的空间，所以以伏特加为基酒的鸡尾酒可以是甜的、咸的、苦的，甚至更多口味。如果你没有尝试过纯饮，将不同的伏特加挨边试喝可能会开阔你的眼界。

伏特加概况

伏特加是这一年中最好操作的酒，但首先我们要熟悉一下分类。世界各地都出产伏特加，最著名的产地有俄罗斯、波兰和瑞典。美国、加拿大、法国、荷兰和英国也都成吨生产这种酒。实际上，因为消耗量如此之高，所有厂家都可能在这一领域取得成功。

以下是辨识度最高的品牌及原产国。

- 俄罗斯：苏联红牌（也叫苏红）、俄罗斯标准、波波夫
- 波兰：雪树、肖邦
- 瑞典：绝对、卡尔森、无极、诗凡卡
- 美国：深蓝、机库 1 号、Charbay、缇托手工
- 法国：灰雁、顶峰
- 加拿大：水晶头
- 芬兰：芬兰
- 荷兰：坎特 1 号、梵高、奥卡斯
- 英国：斯米诺、三颗橄榄

伏特加制作

伏特加是一种“精馏”酒精。“精馏”即多重蒸馏，大多数伏特加经过三次蒸馏。蒸馏后用木炭过滤，去除品酒圈中称作“同族元素（congeners）”的杂质。而用玻璃头骨包装的水晶头伏特加经过四次蒸馏，非常柔和。不仅如此，它还用五亿年的赫尔基蒙水晶过滤。许多其他伏特加品牌也加入到这场竞争当中，以种种宣传和其他品牌产生区分，比如一家用钻石尘过滤，另一

酒吧词源

著名的伏特加鸡尾酒“螺丝起子”得名于西方油田的工人，他们用（真正的）螺丝起子调制橙汁兑伏特加饮料。

家就会用稀有砂子，第三家可能用石英，每家都会说自家伏特加味道比其他好（因为大多数伏特加都没有味道，“味道更好”意味着“感觉更好或口感更柔和”）。

除了产地，另一个能对口味产生影响的是主要原料。蒸馏伏特加的原料可以是谷物——比如小麦、大麦、黑麦、玉米（如缇托手工伏特加），也可以是土豆、蒸馏果酒或糖。鉴赏家认为黑麦和小麦是最佳材料。

一般来说，我们几乎无法靠品尝辨别伏特加的主要原料，不过也可能有例外。先尝一杯冰镇“肖邦”（波兰的土豆伏特加），再来一杯“绝对”（瑞典的小麦伏特加），看能否尝出小麦或土豆味。

口感测试

不同牌子伏特加的酒体或口感的确有轻微差别，可一旦与其他原料混合，就会很难察觉。进行口感测试，倒一杯冰镇绝对伏特加和一杯冰镇苏联红牌比较。你会发现绝对伏特加口感和酒体更饱满，它比较柔和，甚至油滑，余味有些甜美。而由小麦和黑麦制成的红牌则更轻盈、爽利，有轻微的药草或药物质感，无甜味，是俄罗斯伏特加的典型代表。如果你很热衷白葡萄酒，且偏好酒体饱满的霞多丽胜过轻盈爽利的长相思，你可能会更喜欢纯饮绝对伏特加。

无味伏特加和多味伏特加

你最喜欢的冰激凌是什么口味？我敢说一定也有这种口味的伏特加。绝对牌柠檬味伏特加，因为《欲望都市》而走红，成为都市必备；灰雁牌橙味伏特加马天尼华丽精致，在过去相当长时间是世界最先进的口味。而如今加味伏特加的口味有生日蛋糕、烤棉花糖饼干、榅桲、番红花、根汁汽水、培根、蓝莓石榴味等等。口味还在增加，可不仅仅有水果、糖果或其他食品的口味。你还能买到体验伏特加，如“疯癫”、“可爱的小家伙”，甚至“紫色”。有了多味伏特加，调酒的选择就有无限之多了。

派对小知识

玻璃杯不需要一直存在冰箱里。要加霜，只要用凉水洗净，在客人到达前 30 分钟放进冰箱即可。也可以在杯中倒满冰水，利用调酒的时间等它冷却，除冰后将杯子擦干净。高级水晶杯不要放冰箱，温度在零下时它更脆弱易裂。

解酒良方

伏特加太容易进肚，可能不知不觉就喝了太多。每个人都有自己解酒的方法，世界各地对宿醉也各有疗法。比如说，爱喝伏特加的俄罗斯人就相信喝泡菜汁有用。治疗宿醉没有万灵药，但的确存在有效的方法。下面介绍几种常用办法，帮助你解酒消痛。

- **不吃油腻食物** 喝了一夜鸡尾酒再吃油食可能容易让人满足，但实际上会让你感觉更糟。可改为喝酒前吃。
- **不喝咖啡** 咖啡因会让加重胃部不适，加重口渴。
- **多吃鸡蛋** 鸡蛋中有叫做半胱氨酸的氨基酸，可以破坏引起宿醉的毒质。
- **多吃姜** 虽说没有万灵药，但干姜水、姜味嚼片、姜糖等都能缓解胃部不适。
- **吃根香蕉** 香蕉和猕猴桃都可以补充身体流失的电解质。
- **准备宿醉包** 你永远也预料不到下班后的小酌会引发一场大醉，所以事先在车里或桌上准备好宿醉包。包括口腔清新剂、布洛芬、一瓶水以及墨镜。

派对小知识

“欢乐时光（happy hour）”一词出自20世纪20年代的美国海军，用来表示军人的休闲时间。美国海军鸡尾酒酒吧指南建议所有人都坚持这一传统，庆祝我们宝贵的休闲时间！

和“欢乐时光”不同，“鸡尾酒时间（cocktail hour）”一般指正餐前的一小时，出现在禁酒令的年代。胆子大的人或喜欢找乐子的朋友会去违法的地下酒馆，在进城吃晚饭前好好享用一小时的美酒。你可以把这段时间叫做欢乐时光，也可以叫做鸡尾酒时间，不过这段时间很短，只持续一小时。

调制准备

如前文所说，伏特加不能给鸡尾酒带来很多口味和香气，所以这个月我们要关注的是不同饮料的口感。注意喝下去时是否柔滑：烧不烧嗓子？有没有奶油般的味道？你是否喜欢咽下时的滋味？这一次也会介绍很多经典鸡尾酒，如血腥玛丽基础版（见 P62），也会有菠萝蜜蜂（见 P64）等新式饮料。现在让我们开始吧！

本月小贴士

这个月需要清空柜台、茶几、酒柜车之类的设施，为客人们准备血腥玛丽自助。如果计划做菠萝蜜蜂鸡尾酒，要提前准备酒壶和梅森罐。

怀旧经典

血腥玛丽基础版

1 人份

- 冰块
- 1/2 杯（120 毫升）番茄汁
- $1\frac{1}{2}$ 茶勺鲜榨柠檬汁
- 45 毫升伏特加
- 0.8 毫升辣酱
- 0.4 毫升辣酱油
- 少许香芹盐
- 少许鲜胡椒粉
- 1 根芹菜杆，装饰用
- 1 片柠檬角，装饰用

装饰物以外的所有原料倒入装冰的调酒杯或摇酒壶，调和至冷却。

将液体滤进装有半杯冰的品脱杯。以芹菜杆和柠檬角装饰。

血腥玛丽自助

血腥玛丽自助是早午餐标配，也同样适用于鸡尾酒品尝。事先准备加冰的小杯子让客人自行取用，能节约很多时间。如果还要品尝其他鸡尾酒，建议客人试喝时只加 1 餐勺 15 毫升伏特加。

你可以在血腥玛丽自助中使用以下原料：

- 基础饮料：放上你最喜欢的番茄汁以及其他原料，让客人自己调制。
- 酒：可以摆上各种风味的伏特加。我喜欢用来做血腥玛丽的有香橼、培根、辣椒和墨西哥胡椒等风味。
- 辣：放上罐头烟红辣椒、芥末酱、辣根、墨西哥胡椒、老湾调味料以及一系列辣酱。
- 丰富的装饰品：我最喜欢的血腥玛丽装饰是鸡尾酒竹签插快手辣泡菜（见 P68）配新鲜芹菜杆。腌球芽甘蓝、嫩白萝卜、刺山柑、腌刀豆、腌橄榄、芹菜、牛肉干、腌洋葱、腌小萝卜、珍珠洋葱、柠檬角等也同样美味。

最后，摆一小盘椒盐和柠檬角，用来蘸盐边。

哈维撞墙

1 人份

据说有个叫哈维的冲浪运动员喝了太多这种饮料，结果撞到了墙上，“哈维撞墙”因此得名。本质上它是螺丝刀兑意大利药草利口酒加利安奴混合而成的酒。

- 45 毫升伏特加
- 1/2 杯（120 毫升）橙汁
- 7.5 毫升加利安奴利口酒

海波杯或高杯加冰，倒入伏特加和橙汁，将加利安奴利口酒悬浮于最上层。

华丽变身

哈维的墨西哥表亲是弗雷帝福德帕克。制作这种饮料只需将伏特加换成特基拉。

潮流新饮

菠萝蜜蜂

4 至 6 人份

这种鸡尾酒需要一种新口味伏特加：小黑裙系列中的菠萝蜜味伏特加。它可以事先做好放入梅森罐，非常适合派对饮用。这份配方量比较大，可以依据本月俱乐部人数来调整。

- 2 餐勺蜂蜜
- 1/4 杯（60 毫升）温水
- 1 杯（240 毫升）菠萝或菠萝蜜味伏特加
- 1/4 杯（60 毫升）鲜榨柠檬汁，过滤
- 1/2 杯新鲜罗勒叶
- 安哥斯图娜比特酒
- 苏打水
- 柠檬片，装饰用

将蜂蜜溶于温水。可将蜂蜜与水混合，放进微波炉加热 30 秒。

小壶中倒入伏特加、蜂蜜水和柠檬汁。在 4 至 6 个梅森罐或玻璃杯中加入几片罗勒叶和 2 打石比特酒，木勺挤压。

上桌前，给梅森罐或玻璃杯加上冰块，鸡尾酒均分入杯，最后倒入苏打水。以柠檬片装饰即可。

浑浊马天尼

1人份

一月份的俱乐部活动中，我们知道了应该用金酒制作马天尼。但是现在，也许因为浑浊马天尼越来越流行，很多调酒师会将基酒改为伏特加。伏特加、橄榄再加一点儿味美思，非常美味。所以本月尝一尝“浑浊”马天尼，你喜欢吗？

- 冰块
- 90毫升伏特加
- 0.2毫升干味美思
- $1^1/_2$茶勺盐渍橄榄的卤汁，可根据理想的浑浊程度调整份量
- 2颗橄榄，装饰用

摇酒壶装冰，加入伏特加、味美思和橄榄汁。摇和至完全冷却。滤入冰过的马天尼杯，以橄榄装饰。

白色大都会

1人份

我们都知道传统的大都会鸡尾酒，但这次我们在配方中加入圣日耳曼接骨木花利口酒，增添全新的奇妙滋味。

- 冰块
- 1/4杯（60毫升）伏特加
- 30毫升圣日耳曼利口酒
- $1^1/_2$餐勺白蔓越莓汁
- 1餐勺鲜榨青柠或柠檬汁
- 青柠或柠檬角或扭片，装饰用

装饰物以外的所有原料倒入装冰的摇酒壶，摇和至冷却。滤入冰过的马天尼杯，配上装饰。

猕猴桃伏特加汤力

2人份

这里采用猕猴桃，实际上任何水果或药草组合（如蓝莓和薰衣草）都可以搭配汤力制作这款简单的鸡尾酒。

- 1颗猕猴桃，去皮
- 2茶勺原味或薄荷味普通糖浆（见P15）
- 冰块
- 90毫升伏特加

- 汤力水
- 2片青柠角

切下2圈猕猴桃，余下部分切块。将猕猴桃块和糖浆分入两个洛克杯中。轻轻挤压普通糖浆和猕猴桃。

杯中加冰至3/4满。伏特加均分入杯。最上一层倒入汤力水，杯中挤入青柠汁调和。以猕猴桃圈装饰杯子即可。

美食时刻

加上快手辣泡菜（见P68），你的血腥玛丽自助会像摇滚明星一样大受欢迎。配上一盘准备简单的烟熏三文鱼配法式酸奶油，冰镇猕猴桃伏特加汤力便堪称完美。不用成为训练有素的大厨，即可做出给人深刻印象的点心。本月的菜品都简便好做，即使是厨房小白，也能镇住全场。

刺山柑、法式酸奶油和腌柠檬配烟熏三文鱼

12人份

- 24块优质原味或芝麻饼干
- 115克烟熏三文鱼薄切片
- 120毫升法式酸奶油，可购买或自制（下附配方）
- 3餐勺刺山柑
- 2至3餐勺腌柠檬薄片或2餐勺碎橙皮

每块饼干上放等量三文鱼，涂抹约$1\frac{1}{2}$茶勺法式酸奶油，撒刺山柑，最后撒上柠檬片或橙皮。

自制法式酸奶油

- 2杯（480毫升）重奶油
- 2餐勺低脂酪乳

用糖果温度计测温，将奶油和酪乳加热至30～40摄氏度之间。用最低火在炉面制作，过程很短，不要离开。倒入玻璃罐，常温（20～22摄氏度）凝固一夜。第二天搅拌，放进冰箱凝固1天。保质期最长可达2周，请尽快使用。

快手辣泡菜

12 至 14 人份

端上这些美味泡菜和牙签，让客人好好享用吧。

- 2 杯（480 毫升）蒸馏白醋（5%）
- 1/4 杯（75 克）泡菜盐
- 2 茶勺莳萝籽
- $1^1/_2$ 茶勺红辣椒粉
- 225 克新鲜四季豆，去筋切成 2.5 厘米小条
- 6 只墨西哥辣椒，切为 6 毫米厚的小圈（去籽减轻辣味）

- 3 只中等大小胡萝卜，去皮斜切成 2.5 厘米厚的小块
- $1^1/_2$ 杯（186 克）小花椰菜
- 6 瓣大蒜，去皮轻拍

将醋、2 杯（480 毫升）水和盐放入炖锅，中火煮沸，搅拌至盐溶解。关火，加莳萝籽和红辣椒粉。

取干净的夸脱罐或玻璃碗，加蔬菜至罐口 12 毫米处。浇上温热的盐醋混合液。

冷却至常温。罐子加盖，碗上贴保鲜膜，放入冰箱冷藏 1 天至 1 周时间。

说明：剩余的卤汁可以存在冰箱，腌制其他蔬菜。

番茄、伏特加和盐

10 至 12 人份

- 24 只樱桃或小番茄
- 伏特加
- 粗盐

橄榄碟（见说明）倒少许伏特加，放一排小番茄。配上牙签和小碗粗盐即可上桌。客人扎一只浸渍伏特加的小番茄，轻轻蘸盐即可。这道开胃菜准备方便，吃着也很有趣。

说明：细长的橄榄碟，大多数家居卖场和特色厨房用品店均有出售。

10 分钟简约鸡尾酒

本月，有了猕猴桃伏特加汤力，我们的 10 分钟简约鸡尾酒就非常简单了。上桌时，配上皮塔饼和商店购买的辣味印度黄瓜酸奶酱或希腊黄瓜酸奶酱。美味的点心完美适配凉爽的鸡尾酒，不用几分钟，便能奉上可心的简餐啦。

白桃茉莉普（见 P79）

五月

威士忌

从苏格兰高地到肯塔基马场

五月有好多举杯的机会。我们将回到酒类的黑色（或者说，棕色）一面，进入威士忌的世界。给新手说明一下，波旁、田纳西、黑麦、加拿大、日本、爱尔兰、苏格兰威士忌，都称为威士忌。

不论产地是哪里，所有威士忌都要经过谷物糖化、发酵、蒸馏，最后于橡木桶（一般是经过炙烤的美国白橡木）中陈酿。谷物可以是大麦、麦芽、小麦、玉米或几种组合。威士忌的风格、酒精含量和质地都有区分。

威士忌，有“e”还是没“e”？

威士忌有 whiskey 和 whisky 两种拼法，一般可以反映酒的原产地。苏格兰、日本和加拿大威士忌没有“e”，爱尔兰和美国威士忌有“e”。世界各地都生产威士忌，我们可以用小技巧鉴别主要生产地，名字带“e”的地区，如美国和爱尔兰威士忌的拼写也有“e”（单数 whiskey，复数 whiskeys）；名字不带“e”的地区，如苏格兰、日本、加拿大就没有“e”（单数 whisky，复数 whiskies）。当然可能有例外，如果你看到美国产的威士忌没有写“e”，不用太吃惊。

主要角色

爱尔兰威士忌 在甜度上区别的话，某些波旁大于爱尔兰大于苏格兰。爱尔兰威士忌顺滑好喝。在翡翠岛国爱尔兰，人们用它混合各种原料，制作有趣的鸡尾酒，但是我本人更喜欢纯饮或者加姜汁汽水和冰。尊美醇和奇尔贝肯是两个有名的牌子。

苏格兰威士忌 出于某种原因，大多数鸡尾酒新手不会去碰苏格兰威士忌。品尝苏格兰威士忌绝对需要慢慢培养，但别因为第一口不喜欢就略过。你需要花一些时间，让它慢慢流进你的心中。

苏格兰威士忌制作方式和其他威士忌一样，但麦芽干燥时采用特别的工艺：要用味道难闻的有机物泥煤来烘烤，带来特别的口感和香气。泥煤非常特别，必须要亲自体会才能了解。一旦喝下去，这感觉会印刻在你脑海，无法磨灭，以后，只要你一闻到苏格兰威士忌的泥煤味，就能立刻辨别出来。泥煤味的威士忌还会带上更多木头（篝火、烧土）香味，有时甚至还有创可贴气味。而一般的酒只会有甜甜的烟草味或培根味。

口感测试

本月，先后品尝尊美醇和艾拉岛的苏格兰威士忌，这样可以快速了解泥煤对威士忌的影响。爱尔兰威士忌香气和口感都更甜美，而艾拉岛威士忌会以强烈烟熏味、橡胶焦糊味甚至创可贴气味让你震惊。泥煤的味道会让你难忘的。

尊尼获加是全球销量第一的苏格兰威士忌，它的工厂遍布苏格兰各地。就单一麦芽威士忌来说，有四大产区。

- 艾拉岛及岛屿区：这里生产的威士忌泥煤味很重，难以制成鸡尾酒。由于个性强烈，难以和其他风味混合，所以只能纯饮。这里的主要酒厂有阿德贝克、拉弗洛伊克、拉加维林和我最喜欢的波摩尔。
- 高地：面积最大。这里有著名的泰斯卡、帝王、奥本、格兰杰等酒厂。这里生产的威士忌普遍较干、顺滑、有烟熏味。
- 低地：这里生产的威士忌比高地温和。著名酒厂有格兰昆奇、布莱德诺克和欧肯特轩。

- 斯贝塞：因靠近斯贝河而得名，这里生产口味轻甜的威士忌。较出名的牌子有格兰菲迪、雅伯莱、格兰威特和麦卡伦。

美国威士忌 主要有两种：纯威士忌和混合威士忌。前者包括波旁、田纳西和黑麦威士忌。好在这些都适合制作鸡尾酒，能让鸡尾酒更美味可口、种类丰富。

- 波旁威士忌：始于 200 多年前的肯塔基州，主要由玉米酿制，以甜美顺滑著称。波旁酒甜度高，有丰富的水果和香料气味，一尝便知。它还有陈酿橡木桶的泥土和烟熏味。波旁威士忌的生产地不止是肯塔基州，实际上，全美国都可以生产，而且小批量波旁在全国都大受欢迎。
- 黑麦威士忌：原料以黑麦为主，也可能含有玉米、小麦、黑麦麦芽、大麦麦芽等。和波旁一样也在新的烤橡木桶中陈酿。口感和波旁类似，但更醇厚、辛辣，余味略苦涩。
- 田纳西威士忌：大概是最受欢迎的美国威士忌。其中杰克 · 丹尼酒厂每年迎接 25 万游客，简直是成年人的迪士尼乐园。田纳西威士忌和波旁制作工艺类似，只在田纳西生产，经过枫木炭过滤，这一过程叫做“林肯县工艺”。乔治 · 迪克和本杰明 · 普里查德也是代表性酒厂。

酒吧词源

波本威士忌用酸麦芽浆工艺制成，就是说上批酒的麦芽会留下部分，加到新麦芽当中。旧麦芽是酸的（该工艺由此得名），为酵母生长和麦芽发酵提供了优质环境。

所有酒都来源于水，所以酿酒的理想地域会有高质水源。肯塔基有大量石灰岩矿产，因此水质较软，不含铁元素等污染物，是制作波旁酒的理想原料。

品种

威士忌厂家都有自家偏好的威士忌品种，以下指南可以帮你分析威士忌标签的含义。

混合威士忌 由麦芽和谷物威士忌混合而成。其年份由混合物中年份最近的威士忌决定。一般和其他中性酒精混合，有时带有焦糖的颜色与风味。

单一麦芽威士忌 由同一家酒厂用单一谷物酿成。

混合麦芽威士忌 由不同酒厂的单一麦芽威士忌混合而成。

原桶酒精浓度或超标浓度 保持出桶时的高浓度，不加水稀释就装瓶出售的威士忌。这也揭示了本行业的秘密：大多数烈酒装瓶前需要用水稀释，才能更加美味。

单一桶装原酒 指的是来自于同一酒桶的威士忌，一般标签上会注明瓶子和酒桶的编号。

派对小知识

威士忌出桶装瓶后就不再陈酿了，所以和有些酒不同，贮存时间长不会让它的口味变好。

什么是白色威士忌?

威士忌本来都是无色的，橡木桶中的陈酿时间赋予它介于赤褐色与焦糖色之间的瑰丽色彩以及坚果和香草的风味。白色威士忌也叫纯威士忌、新酒、走私威士忌或白狗。它是一种气味辛辣的简装酒，你可由此感受没有橡木桶的影响，不同的谷物会产生怎样效果。现在的白色威士忌和过去的走私酒相比，要更美味香甜，也更受欢迎，甚至可以和伏特加、金酒、朗姆酒及特基拉等基酒一较高下。因为不必等待所有产品酿熟，就能立刻销售，所以很受小产量酒厂欢迎，而喜欢冒险的品酒者也喜欢追赶时尚潮流。

小批量波旁威士忌

随波旁流行而涌现的 DIY 狂潮让小批量波旁达到了生产高峰。小批量意味着量少价高且个性化，可丰富品酒体验。一般来说小批量波旁有种禁酒令前的风格，风味和香气都相当张狂，度数也较高。

如何制作粗碎冰

粗碎冰比特大号冰块（高端鸡尾酒吧常见）冷却更快，比刨冰和细碎冰融化得慢，是制作鸡尾酒的理想选择。一些冰箱的刨冰功能和制作粗碎冰并不相同。为单杯鸡尾酒制作粗碎冰，用干净茶巾包起冰块，用勺子外层重拍多次，直至破碎即可。为多杯鸡尾酒做粗碎冰，把冰块放进一加仑大小的拉链包，装一半满，拉上拉链，用厨房锤或擀面杖敲打即可。

酒吧词源

如果鸡尾酒菜单上写“以苏格兰威士忌滤杯”，这是说杯中先倒入了苏格兰威士忌，又在兑和或倒入饮料之前倒掉了。这里威士忌作用是调味，是给酒增添一层复杂感，功能类似比特酒。滤杯可适用任何饮料，但一般用于苏格兰威士忌或苦艾酒等气场强大的酒。

调制准备

威士忌鸡尾酒有辣有甜，有浓烈有均衡，形容威士忌或波旁的一般有以下词语：坚果味、香草味、果味、橙味、焦糖味、烟熏味、甜美、糖蜜味、皮革味、烟草味、泥土味、杏味、花香、辛辣、木味、太妃糖味和蜜味。本月的鸡尾酒我们会混合以上各种口味：从经典老式变换到柑橘口味，在薄荷茉莉普里泡几片白桃，调一杯曼哈顿，试一口萨泽拉克。我们会品尝混合了胡椒博士和波旁威士忌的好博士鸡尾酒，最后则以“肯塔基死而复生”（本质上是加波旁威士忌的柠檬汁）谢幕。

本月小贴士

杯子的使用　本月我们会用到所有类型的杯子，包括马天尼杯、老式杯、碟形香槟杯、葡萄酒杯和海波杯等。如果纯饮，专家推荐使用郁金香形的小杯子，这是因为香气会聚集在杯颈，闻上去香气扑鼻。

怀旧经典

母亲曼哈顿

1 人份

本月做曼哈顿非常合适，因为母亲节快到了，它又是我母亲的招牌鸡尾酒。调和，将一颗樱桃轻放于冰镇马天尼杯的 V 字形中央，另加一碟冰。喝时加入冰块，保持饮料清凉，也能喝得更久些。经典曼哈顿要加比特酒，但母亲曼哈顿不需要。

- 冰块
- 1/4 杯（60 毫升）威士忌（我母亲用加拿大俱乐部牌）
- 30 毫升甜味美思
- 马拉斯奇诺樱桃，装饰用

摇酒壶加冰，倒入威士忌和味美思，调和至冷却。

滤入冰镇马天尼杯，以樱桃装饰。另加冰块上桌。

橙味老式鸡尾酒

1 人份

这款饮料经典到拥有自己的专属杯子。老式杯一般较低矮，专门用来盛放这款鸡尾酒。我们将传统配方的安哥斯图娜比特酒换成橙味原料，并饰以大片橙皮，给老式鸡尾酒换上新口味。

- 1 块方糖或 1/2 茶勺糖
- 0.6 毫升橙味比特酒（见说明）
- 苏打水
- 大片橙皮，装饰用
- 冰块
- 1/4 杯（60 毫升）黑麦威士忌

老式杯或矮洛克杯放糖，加比特酒及少量苏打水。

用搅拌棒或勺子捣碎糖块至完全溶解。这里，我比较喜欢加些橙皮，挤捏到出油，擦一圈杯沿，再和比特酒、糖一起挤压。这样，鸡尾酒就带上了诱人的鲜美橙香。

加入冰块和黑麦威士忌调和即可。

说明：不喜欢橙子，用安哥斯图娜或根汁汽水比特酒也可。不用橙皮。

萨泽拉克

1 人份

萨泽拉克是新奥尔良的官方饮料。它和老式鸡尾酒一样经典，基酒用黑麦威士忌取代波旁，并以苦艾酒滤杯。这款鸡尾酒用到奥尔良酒吧特产北秀德比特酒，必要时可用安哥斯图娜代替。

- 苦艾酒
- 1 块方糖，1/2 茶勺糖或 $1^1/_2$ 茶勺普通糖浆（见 P15）
- 0.8 ~ 1 毫升北秀德比特酒
- 冰块
- 1/4 杯（60 毫升）黑麦威士忌
- 柠檬皮，装饰用

取老式杯或矮洛克杯，以苦艾酒滤杯（倒苦艾酒，旋转酒杯让酒液粘上杯壁，倒出）。

加糖和比特酒，一起搅拌。

加冰块和威士忌调和，以柠檬皮装饰即可。

潮流新饮

肯塔基“死而复生”

1 人份

“死而复生”是“以酒解醉”类型的酒，也就是说人们可以喝它来治疗宿醉。这是以金酒为基酒的“死而复生 2 号”（见 P156）变化后的版本。

- 冰块
- $1^1/_2$ 餐勺波旁
- $1^1/_2$ 餐勺君度
- $1^1/_2$ 餐勺鲜榨柠檬汁
- $1^1/_2$ 餐勺利莱白葡萄酒
- 柠檬薄片，装饰用

摇酒壶加冰，倒入波旁、君度、柠檬汁和利莱白葡萄酒。

摇和至摇酒壶外形成薄霜。

将饮料滤入冷冻过的碟形香槟杯或葡萄酒杯。放上柠檬即可。

白桃茱莉普

1 人份

喜欢赛马的朋友有福啦，这款薄荷茱莉普让你开心度过肯塔基赛马日，享受整个夏天。找不到白桃子，粘核桃也可以，不过要确保桃子新鲜成熟。

- 1/2 只新鲜白桃，留皮去核，切成骰子状方块
- 6 片新鲜薄荷叶
- 1/4 杯（60 毫升）波旁威士忌
- 30 毫升桃味利口酒，如波尔斯（可以用桃味蒸馏酒，不过会甜些）
- 0.4 毫升比特酒，桃味最佳
- 冰块
- 苏打水
- 白桃片和薄荷枝，装饰用

柯林杯中轻轻挤压桃子块和薄荷叶片。

加入波旁、利口酒、比特酒，加冰至杯满。

最后加入少许苏打水，轻轻调和。

以桃片和薄荷枝装饰。

好博士

1 人份

这款酒很简单，原料有阿玛罗（一款意大利利口酒，又苦又甜）、黑麦威士忌和胡椒博士。很多威士忌饮料非常正统严肃，但这款酒轻松有趣，味道偏甜。

- 冰块
- 45 毫升诺妮酒庄（味偏甜）或你喜欢牌子的阿马罗
- 45 毫升黑麦威士忌
- 3/4 杯（180 毫升）胡椒博士
- 橙片，装饰用

高杯中加冰，倒入阿玛罗、黑麦威士忌，最后加胡椒博士

挤压橙片，放入杯中。

美食时刻

威士忌作为原料或搭配，能够贡献众多美味佳肴。在香甜的奶油沙司和焦糖沙司里，它像一支沁人心脾的歌谣；它的烟熏气味又能突出培根和烤肉酱的特点。为了向波旁的原产地美国南部致敬，本月我们会做培根威士忌酱，还有搭配曼哈顿或老式鸡尾酒的多香果起司烤面包（见 P82），美味到欲仙欲死。小口焦糖洋葱芝士通粉可以搭配本月任一款鸡尾酒，海盐毛豆（见 P82）则搭配所有烟熏威士忌。

小口焦糖洋葱芝士通粉

12 人份

- 2 餐勺橄榄油
- 1 只中等大小洋葱，切碎（约 $1^1/_2$ 杯或 225 克）
- 盐
- 食用油喷雾
- 28 克帕尔玛奶酪碎片
- 225 克弯管通心粉
- 2 餐勺无盐黄油
- 2 餐勺中筋面粉
- 1 杯（240 毫升）牛奶
- 115 克切达奶酪碎片
- 115 克艾斯阿格奶酪碎片
- 1 只大鸡蛋
- 少许辣椒粉

将油在中等大小的深煎锅内中火加热，放入洋葱和少量盐，炒成焦糖洋葱，约 12 至 15 分钟。如果洋葱太干，加些水。

迷你松饼烤模喷一层食用油，每个杯子底部均匀撒上少许帕尔玛奶酪碎片，剩余奶酪收集备用。

同时根据包装袋指示，将通心粉煮至有嚼劲，约 8 至 10 分钟。晾干放置。

预热烤箱至 205℃。

取中等大小的炖锅，融化黄油，加入面粉打到顺滑，烤 2 分钟。慢慢拌入牛奶煮沸，约 5 分钟。拌入奶酪碎片（包括剩余的帕尔玛奶酪），打到融化、顺滑。

熄火，拌入鸡蛋和辣椒粉。包入焦糖洋葱和通心粉。用小勺挖进松饼模具，烤 10 分钟，或者烤至微棕且起泡。

模具冷却 10 分钟，取出再冷却 5 分钟上桌。吃时应该温热或常温。

海盐毛豆

10至12人份

- 1（340至445克）包冰冻带荚毛豆
- 1至2餐勺烟熏海盐

依据包装说明做好毛豆（我加1/4杯即60毫升水在微波炉里密封加热4分钟）。撒盐，立即上桌。

说明：找不到烟熏海盐，用1餐勺盐加1/4茶勺烟熏辣椒粉代替。

培根威士忌酱和多香果起司烤面包

10至12人份

在美国南方，多香果奶酪是勾人回忆的家常食物。它可以搭配无皮白面包，作精致的茶点三明治，也可以做营养丰富的早餐鸡蛋三明治。这里把它和培根搭配，做成一道让人无法拒绝的开胃点心。

培根酱

- 445克培根，切成12毫米的小片
- 1只中等大小洋葱，细切成块（约1杯／100克）
- 2瓣大蒜，研碎
- 1/2杯（120毫升）新调制咖啡
- 1/3杯（65克）红糖（糖蜜含量6.5%）
- 1/3杯（75毫升）枫糖浆
- 1/4杯（60毫升）尊美醇威士忌
- 1/4杯（60毫升）苹果醋
- 1/4杯（25克）墨西哥胡椒，去籽切碎
- 盐和鲜胡椒粉

多香果奶酪

- 115克黄切达奶酪，磨碎（见说明）

- 3 餐勺蛋黄酱
- $1^1/_2$ 餐勺切块多香果或烤红甜椒
- 1 餐勺黄洋葱碎片
- 盐
- 1/2 只法式长棍面包，斜切成 18（6 至 12 毫米）片

酱的制作 大号深煎锅内中高火煎培根，煎至培根颜色变深出油，约 12 至 14 分钟。倒出培根。

锅内留 1 餐勺培根油，调到中火，加入洋葱、大蒜，煸炒至变软、变透明，约 6 至 8 分钟。

将咖啡、糖、枫糖浆、威士忌、醋和墨西哥胡椒倒进锅。煮沸后再焖 2 至 3 分钟。

培根入锅，搅拌均匀。开盖小火慢焖 45 分钟，或焖至酱汁像糖浆一样黏稠。试尝一下，如需要可加椒盐。熄火冷却。

酱汁密封放进冰箱 1 周。吃之前加热到常温即可。

多香果奶酪 使用料理机，取奶酪、蛋黄酱、多香果、洋葱、少许盐，打成泥即可。密封冷藏。

装盘：每片面包上涂抹约 2 茶勺多香果奶酪，上放 1/2 至 1 茶勺培根酱即可上桌。

说明：一定要用刚磨碎的奶酪，因为磨碎后保存的奶酪会影响黏度，做出来更容易凝固。

10 分钟简约鸡尾酒

本月，我们要给经典搭配做些改变。披萨和啤酒是公认的好搭档，但换成好博士（见 P79）也一样美味！“成人苏打水”——胡椒博士、意大利阿马罗掺杂着黑麦威士忌的辛辣，配上披萨的热辣可口、奶酪浓郁，实在美味无穷。和披萨搭配时，鸡尾酒可以不用橙片装饰。

罗勒包辣椒青柠芒果和粉红帕洛玛（见 P94、P89）

六月

特基拉

从单一色迈向复杂色

夏天来临，到了特基拉的季节。今年我们已经喝过无色饮料伏特加、金酒，也尝过褐色饮料白兰地和威士忌。而特基拉则介乎两者之间，它种类繁多，有的透明光洁，有的闪耀着丰腴的琥珀色。和葡萄酒一样，颜色会透露特基拉的制作工艺和口味。本月你将学习到如何挑选、品尝特基拉，并在俱乐部上用它调酒。

什么是特基拉?

根据墨西哥法律，只有以蓝色龙舌兰草为原料，在哈利斯科、瓜纳华托、米却肯、纳亚里特及塔毛利帕斯等地生产的酒，才能叫做特基拉。“橘生淮南则为橘，生于淮北则为枳”，龙舌兰生长的水土会影响酒的口感，这在法语中叫“terroir”，指酿酒葡萄产地的环境，包括土壤、气候等因素。特基拉市北部高地的龙舌兰植株高大、酿酒甜美。低地区的植株则较小，汁液更有草本植物和泥土的风味与香气。

精挑细选

特基拉分为两大类：混合酒和 100% 纯龙舌兰。混合酒混合了龙舌兰和其他发酵糖，如果没有“100% 纯龙舌兰”的标签，那么它就是混合酒。一般这种特基拉都是大量运输且在别处灌装的，味道比 100% 纯龙舌兰平庸。

草心

这是特基拉的核心。原词 piña 意为“凤梨”，在特基拉制作中指的是龙舌兰鲜嫩多汁、形似凤梨的巨大中心，一般 6 至 12 年成熟。采集后，可以烘烤或蒸煮，使淀粉转化为可发酵糖分。随后，将其切碎切烂，舍弃固体，榨取出龙舌兰汁液，放入发酵池（木桶或不锈钢水箱）、蒸馏、装瓶，最后来到你的餐桌。

酒吧词源

龙舌兰草心的甜蜜汁液也被叫做“蜜水”，可以制作龙舌兰蜜和龙舌兰糖浆，两者都是保质期限较长、广受欢迎的甜味剂。

蒸馏越多越好吗?

特基拉发酵为酒精后再蒸馏。法律规定特基拉必须蒸馏两次，而有些酒厂会进行第三次蒸馏，使产品更柔顺好喝，但很多鉴赏家认为此举会让特基拉丧失特色。

特基拉的种类

白色或银色特基拉　在橡木桶或不锈钢桶中存放不超过 30 天，一般比金特基拉便宜。由于味道辛辣，被人们亲昵地称为“火酒”。它也许不适合纯饮，但价格低廉，是制作鸡尾酒的上佳选择。点玛格丽特没有特殊要求的话，端上来的就是这种特基拉。

瑞朴萨多特基拉　“瑞朴萨多”意为“休息过的”，酒在橡木桶里小憩了 2 至 12 个月，带上了金色。纯饮比银色特基拉更柔顺。

金特基拉　一般是白特基拉和瑞朴萨多的混合酒，在装过威士忌的美国橡木桶中陈酿 1 至 3 年。豪帅快活制造的金快活特基拉是世界上最著名的特基拉品牌。

陈年特基拉　在橡木桶中陈酿 1 年以上，有着惊艳的深琥珀色和枫叶色，味道浓郁，酒体饱满，适合纯饮，不适合制鸡尾酒。由于非常浓郁，价格也不低。

陈年特级特基拉 陈酿时间至少 3 年，它也只适合纯饮，不适合调酒。

梅斯卡尔酒：特基拉的坏小子兄弟

说到特基拉，不得不提到梅斯卡尔酒。这两种酒都是用龙舌兰制作，酿制梅斯卡尔酒的龙舌兰有多种，主要是埃斯帕丁龙舌兰；而特基拉的原料只能是蓝色龙舌兰。特基拉产业有规范，但梅斯卡尔酒行业混乱，所以你根本不知道瓶子里究竟有哪些成分。

大多数梅斯卡尔酒产自墨西哥奥阿克萨卡。特基拉需经历两次蒸馏，而梅斯卡尔酒只一次，所以后者更清冽粗粝。制作梅斯卡尔酒，一般把龙舌兰草心放在岩石坑里覆土炙烤，木头燃烧给草心增添了烟熏味、泥味、沙土味。梅斯卡尔酒和特基拉一样，有白色、瑞朴萨多、陈年等分类。

派对小知识

“梅斯卡尔”是一种酒的类型，包括特基拉和梅斯卡尔酒。所以特基拉是梅斯卡尔的一种，但不是所有梅斯卡尔都叫特基拉。边喝边讨论吧！

虫子的传说是怎么回事?

人们认为过去特基拉的酒瓶中要放一条蠕虫，其实放蠕虫的是梅斯卡尔酒，而且至今这种风俗依然存在。据说蠕虫的作用是驱散邪灵。但是我发现它的最大功效是辨别朋友中谁最蠢萌—— 一定是自告奋勇把虫子吃掉的那个人啦。

口感测试

如果对梅斯卡尔酒感兴趣，可以做一次无偏见测试，依次品尝特基拉和梅斯卡尔酒。记住，这是品尝，不是酒类竞赛。轻轻搅拌、闻嗅，轻抿一口，体验两种酒的区别。

调制准备

到了本月的重头戏——调制部分。特基拉会给鸡尾酒带来不同的香味，如烟熏味、药草香和辛辣感。特基拉有海水味、花香味，甚至可以偏甜。大多数鸡尾酒要用中性的银特基拉制作，但可以按喜好换成金特基拉。前者酒体轻盈、余味短促，后者则口感醇厚，余味悠长。选定基酒后，准备好你的摇酒壶吧！

本月小贴士

杯子的使用　玛格丽特杯很有格调，但不是本月必备。如果你有可以使用，也可用海波杯、大号老式杯、通用红酒杯等代替。

怀旧经典

玛格丽特

1 人份

玛格丽特是最著名的特基拉鸡尾酒。本月我们要从零开始制作这款经典鸡尾酒，享受它的生机与活泼。

- 冰块
- 45 毫升银特基拉
- 45 毫升君度
- 45 毫升鲜榨青柠汁
- 青柠角
- 粗盐，制盐边

摇酒壶放冰块，倒入特基拉、君度和青柠汁，摇和至充分混合、冷却。

青柠角绕杯沿转一周，杯口湿润后蘸盐。杯中加入冰块，滤入酒液。

华丽变身

调酒饮料、苏打水、糖浆喝以及糖边都是空热量。想要喝低卡饮料，就省略所有这些，喝特基拉加冰，只加一角青柠，喷少许苏打水。这款极简版本的玛格丽特，夏天喝来沁人心脾。

粉红帕洛玛

1 人份

帕洛玛的受欢迎程度不下于玛格丽特。它是一款传统墨西哥鸡尾酒，用特基拉和葡萄柚苏打哈利托斯（Jarritos）制作。我的版本则用鲜榨粉葡萄柚汁和粉葡萄柚巴黎水营造口感。没有粉葡萄柚口味的巴黎水，可用苏打水代替。

- 1/4 杯（60 毫升）银特基拉
- 1/3 杯（75 毫升）鲜榨粉葡萄柚汁（约 10 厘米直径的葡萄柚半只）
- 冰块
- 糖或普通糖浆（见 P15，可选）
- 2 角青柠
- 粗盐（可选）
- 90 毫升粉葡萄柚巴黎水或苏打水

粉红帕洛玛（见 P89）

摇酒壶装冰块，加入特基拉和葡萄柚汁。如果葡萄柚不够甜，可以加糖或普通糖浆。摇和至冷却。

如果要做盐边，拿青柠角沿杯边擦一圈湿润，将杯口倾入浅盘蘸盐。饮料滤入杯中，加巴黎水，以另一角青柠装饰即可。

潮流新饮

草莓罗勒玛格丽特

8 至 10 人份

过去，玛格丽特指的是柑橘味、有点甜的简单特基拉鸡尾酒，现在，不论是搅和还是加冰，几乎所有特基拉为基酒的饮料都叫做玛格丽特。不论是传统的青柠味，还是用新方法制作，玛格丽特永远是温暖天气的绝佳伴侣。

- 1 杯（200 克）糖
- 青柠皮
- 10 至 12 只草莓，去萼切片
- 8 片新鲜罗勒叶
- 2 至 $2^1/_2$ 杯（480 至 600 毫升）银特基拉
- 1 至 $1^1/_2$ 杯鲜榨青柠汁，过滤
- 冰块

小炖锅加糖和青柠皮，加 1 杯（240 毫升）水。中高火炖煮至糖溶解，糖浆滤进干净容器。放至完全冷却。

大罐中放入草莓。罗勒叶片捣碎或轻捏，加入罐中。加特基拉、青柠味糖浆，1 杯青柠汁调和。试味，看是否需要再添加青柠汁。密封冷藏一晚。

饮用时，用高杯装冰盛放。

小黄蜂鸡尾酒

1 人份

- 冰块
- 1/4 杯（60 毫升）特基拉
- 30 毫升荨麻酒
- 0.2 毫升柠檬比特酒
- 1 餐勺蜂蜜
- 1 片柠檬卷

鸡尾酒杯装冰，倒入特基拉、荨麻酒和比特酒，调和均匀。

蜂蜜放微波炉加热 15 至 30 秒，化开滴在酒上。以柠檬卷和调酒棒装饰。

鲜姜黑莓斯马喜（见 P93）

鲜姜黑莓斯马喜

1 人份

- 1 杯（200 克）糖
- 1 只 10 厘米长的新鲜生姜，去皮切片
- 2 茶勺粗盐
- 1 茶勺姜粉
- 1 只青柠角
- 冰块
- 1/4 杯（60 毫升）银特基拉
- 30 毫升鲜榨青柠汁
- 3 只新鲜黑莓
- 1 块糖姜片

小炖锅加糖和新鲜生姜，倒 1 杯（240 毫升）水。中高火焖煮，搅拌至糖溶解。低火煮 20 分钟，煮得越久越辣。糖浆滤入干净容器，使其完全冷却。

浅盘中混合盐和姜粉。杯沿用青柠角湿润，轻蘸盐粉。

摇酒壶中加冰块，倒入特基拉、30 毫升姜味糖浆、青柠汁，摇和至冷却。

在杯底轻轻挤压黑莓果实，加冰块。将酒滤入杯中，以糖姜片装饰。

自制特基拉太阳茶

8 至 10 人份

大罐饮料非常适合户外派对和野餐。提前准备好加酒冰红茶，你就不用一直忙着调酒，大家也可以一边品味饮料，一边享受夏日了。

- 2 升温水
- 1 只柠檬，切片
- 1 只橙子，切片
- 4 只红茶包
- 1 杯（240 毫升）普通糖浆（见 P15）或龙舌兰糖浆
- 2 杯（480 毫升）银特基拉
- 冰块
- 鲜薄荷枝，装饰用

大罐子装水，放柠檬片、橙片和茶包。注意茶包的纸质标签要露在罐外。盖好盖，将罐子放阳光下晒 3 至 4 小时。

茶泡完后，加入糖浆和特基拉。将茶倒入装冰的梅森罐或玻璃杯中，以一枝薄荷装饰。

美食时刻

聊了这么久特基拉，我的胃口好起来了，你呢？恭喜你，我们这个月的点心可是明星级别的哦。给罗勒包辣椒青柠芒果配一杯清爽的玛格丽特；点燃烤炉，做一顿让人垂涎的烤羊排配特基拉——红糖酱汁（见 P97），以小黄蜂鸡尾酒（见 P91）伴食。如果喝鲜姜黑莓斯马喜，魔鬼蛋三吃一定能让你满意！

罗勒包辣椒青柠芒果

10 至 12 人份

- 1 只熟芒果，去皮，切成 20 至 24 片一指长的小块
- 青柠汁
- 1/2 茶勺辣椒粉
- 20 至 24 片新鲜大片罗勒叶

芒果在青柠汁里滚过，均匀撒上辣椒粉，每块用 1 片罗勒叶包裹，插上牙签固定。

可以吃的西瓜玛格丽特

12 人份

有些玛格丽特加冰，有些玛格丽特需冰冻口味佳，有些玛格丽特可以直接吃！

- 冰块
- 45 毫升银特基拉
- 1 餐勺君度
- 1 餐勺鲜榨青柠汁
- 12（2.5 厘米）只新鲜西瓜角
- 粗盐，装饰用

盘子擦盐边，西瓜切片扇形摆放。用边稍高的盘子，防止鸡尾酒洒出来。盘子冷冻 20 分钟，使西瓜冰镇又不至于凝冻。

摇酒壶加冰，倒入特基拉、君度和青柠汁。

鸡尾酒滤入西瓜盘中。我建议把盘子摆在要上桌的位置，慢慢把鸡尾酒浇在西瓜上，防止液体溅出。

小碗装粗盐，让客人撒在可以吃的玛格丽特上。

魔鬼蛋三吃

10 至 12 人份

- 1 打大鸡蛋
- 1/2 杯（120 毫升）蛋黄酱
- 1 茶勺白醋或苹果醋

辣椒味

- 1 茶勺罐装干红辣椒，切碎
- 1 茶勺酱汁（置于干红辣椒罐头中）
- 少许盐

莳萝味

- 1 餐勺腌莳萝小菜
- 1 餐勺碎切鲜莳萝，另备少许装饰用
- 少许盐

萨拉米香肠和黑橄榄味

- 2 餐勺萨拉米香肠细丁
- 1 餐勺碎切黑橄榄，另备几片装饰用

所有鸡蛋放入大锅，加约 2.5 厘米高的水，高温煮至沸腾。一旦鸡蛋在水中翻滚，熄火，盖上盖子，让蛋在烫水里浸泡 10 分钟。

擦干鸡蛋上的水，放凉水下冲洗。剥皮，纵向切成两半。将蛋黄挖出，放入碗内，蛋白存冰箱。

蛋黄、蛋黄酱、醋混合，打至顺滑、呈奶油色。（约有 $1^1/_4$ 杯或 280 克。）将蛋黄混合物分入 3 只小碗，约每碗 1/3 杯加 1 餐勺（90 毫升或 85 克）。第一只碗加辣椒、辣酱和盐；第二只碗加腌莳萝、鲜莳萝和盐；第三只碗加萨拉米香肠和黑橄榄。

把每份混合物各装进 1.1 升大小的拉链包。每只包切一角，使用方法类似蛋糕挤花袋，将混合物均匀挤入蛋白内。每只莳萝蛋放一小枝鲜莳萝；萨拉米香肠和黑橄榄蛋上放一片橄榄。保鲜膜轻盖，存入冰箱待食。

烤羊排配特基拉－红糖酱汁

8 人份，并有多余酱汁

酱汁

- 1 杯（240 毫升）金特基拉或陈年特基拉
- 1/4 杯（50 克）红糖（糖蜜含量 6.5%）
- 2 餐勺辣酱汁（干红辣椒罐头中）
- 1 整只干红辣椒，去籽切碎

羊肉

- 1 块带 8 根肋条的羊肋排
- 1 餐勺橄榄油
- 盐和鲜胡椒粉

做酱汁 特基拉和糖放入厚底炖锅，中高火烧至微微粘稠，状似糖浆，剩约 2/3 杯（165 毫升），需 5 至 8 分钟。熄火，加入辣酱汁和碎辣椒。

做羊肉 烤架预热至中高火。羊肉全身刷橄榄油，抹椒盐，用锡箔纸包住露出的骨头。羊肉每侧烧烤 6 分钟或到内部温度达到 57℃，取出至少冷却 5 分钟才能切开。

每只盘中放 1 餐勺酱汁，再放羊排；或者小碗装酱汁，随羊排上桌。

10 分钟简约鸡尾酒

没时间做普通糖浆和其他原料？别担心，你一样能喝上特基拉，享受这段时光。调制一杯粉红帕洛玛，端一大碗墨西哥玉米片和莎莎酱，本月的快手美味就完成啦！

沙冰大都会（见 P104）

七月

冰饮

宅度假的完美伴侣

七月热情得催人融化，正是好友聚会，共同畅饮冰爽鸡尾酒的好时节。经典的冷冻鸡尾酒有各种意想不到口味（如仙人镜味、西瓜味）的玛格丽特、椰林飘香、戴吉利等。其实只要稍作调整，几乎所有鸡尾酒都能做成冷冻风味。那么，准备好你的搅拌机、制冰机和冰棍棒，一起来制作吧！

把冷冻鸡尾酒变得有趣

一般提到冷冻鸡尾酒，我们会想到加冰块搅和、吸吮或挖着吃的饮料。但是，不用搅拌机也可以做到冰冻效果哦。跳出思维框架，试试以下这些方法吧！

果汁或调酒饮料冻成冰 只要把果汁、柑橘、普通糖浆等非酒精部分冻成冰块就好。

整只水果做冰块 大多数新鲜水果可以放在铺羊皮纸的烤盘上冰冻，代替冰块。覆盆子、草莓、黑莓、蔓越莓和蓝莓等小莓果；葡萄、橙子、柠檬或青柠等水果切片；橄榄、珍珠洋葱等蔬菜都可以冻成漂亮的装饰。也可以把大个儿水果切为方块，或用挖果勺挖成球，放成一层冰冻。

冰激凌勺有妙用 做大份鸡尾酒（约4至6人份），倒入耐冻烤盘，冷冻一晚。第二天用冰激凌勺将冻成雪泥的鸡尾酒分盛起来。由于含有酒精，它不会冻结实，上桌时最好给客人提供小勺子。用马天尼杯盛放特别漂亮。

做刨冰 同上，做大份鸡尾酒装烤盘，冻45分钟后取叉子刮削。每隔30分钟，重复相同动作，直到全部鸡尾酒都成为刨冰。把刨冰放入蛋筒纸或马天尼杯，配上小勺。

用一颗大冰块 我们讨论过粗碎冰的功效，但我个人很喜欢大冰块在老式杯里的感觉。买大号冰块方格，提前制冰，让你的鸡尾酒看起来更时尚。

轻烟缭绕的冷饮 食品杂货店也能买到干冰，但一般放在仓库，所以要提前打电话预订。将干冰碎成小块，装入摇酒壶，加入鸡尾酒原料摇和，将轻烟缭绕的冷饮滤入玻璃杯。注意：端杯子时要戴手套，而且不能直接在酒杯里加干冰，否则杯子会碎。

冰激凌 奶油状鸡尾酒和葡萄酒鸡尾酒都可以在冰激凌机里翻身改造。红酒加碎黑胡椒冰糕味道很好，而本月的波旁冰激凌（见P106）也是必尝美味。

冰块鸡尾酒 用大冰块格或小纸杯将整杯鸡尾酒冻成冰块。酒精不大好冻，要用两倍的水来稀释，再放进模具，完全冻住约需1小时。再加第二层如果汁，冰冻。如此反复，直到制成漂亮的条纹冰块鸡尾酒。取出冰块，放入干净玻璃杯。最后加入塞尔脱兹矿泉水，加吸管上桌。

漂亮完美的浸泡冰块 药草、蔬菜或水果浸泡的冰块可以迅速装点任何一款鸡尾酒。薰衣草、百里香、迷迭香等冻进冰块很好看，芫荽叶、欧芹等较软的药草能增添血腥玛丽的美味。如果你想为饮料增添色彩，切些猕猴桃和草莓做绿色和粉色冰块；想要一抹蓝，在冰块里加蓝莓片或黑莓片即可。墨西哥胡椒和红辣椒切片冻成冰，能同时为鸡尾酒添色加味。

派对小知识

脑冻结指的是吃冷东西、喝冷饮引起的剧烈头痛，这是因为口腔上颚的神经群会刺激血管急剧扩张，温暖大脑，防止脑袋冻住。你可以用舌头或大拇指按住口腔上颚止痛，或者吃冷饮时小口慢吃。

调制准备

冰棍、奶昔、漂浮冰激凌的甜蜜滋味，沙冰大都会（见 P104）、仙人镜玛格丽特（见 P105）的清凉冰爽，你想要尝一尝吗？还有吸管和鸡尾酒小伞扮酷，还犹豫什么，快动手制作吧！

本月小贴士

使用搅拌机之前 别急着用搅拌机，先聊聊冰吧！五月份我们讨论过粗碎冰（见 P74），这个月又用到它了。冰块大，搅拌机容易坏；用刨冰，做出的酒太稀。所以最好提前做些粗碎冰，放进大拉链袋存冰柜。如果你是本月主办方，考虑一下要不要多借几台搅拌机。

怀旧经典

椰林飘香

1 人份

1954 年，波多黎各调酒师雷蒙·马雷罗让这款以朗姆酒为基酒的饮料声名大噪。现在，全世界都有这款鸡尾酒出售，而在牙买加到维京群岛的沙滩上，它最受欢迎。这款酒可以加冰喝，但本月，我们要把它做成冷冻鸡尾酒，所以如果你喜欢椰林飘香，又被夏天的雨困在家，不如取出搅拌机，亲手做一杯吧。

- 90 毫升椰奶油
- 1/2 杯（120 毫升）菠萝汁
- 1/4 杯（60 毫升）白朗姆酒
- 1 杯（240 毫升）粗碎冰
- 菠萝角，装饰用
- 马拉斯奇诺樱桃，装饰用

搅拌机中放入椰奶油、果汁和朗姆酒。

加冰块搅和至顺滑。

饮料倒入冰镇的杯子，以菠萝角和樱桃装饰。

海明威戴吉利：爸爸的渔船

2 人份

海明威戴吉利也叫“爸爸的渔船”，是一种双份无糖戴吉利，“爸爸”是海明威的昵称。

- 1/4 杯（60 毫升）白朗姆酒
- 30 毫升鲜榨青柠汁
- 1 餐勺马拉斯奇诺樱桃利口酒
- 1 餐勺葡萄柚汁
- 青柠皮，装饰用
- $1^1/_2$ 至 2 杯（360 至 480 毫升）粗碎冰

搅拌机中加入所有原料（除装饰）。先加 1 杯冰，如果觉得不够，每次多加 1/2 杯（120 毫升），直到满意为止。搅拌至顺滑。

倒入杯中，以青柠皮装饰。加吸管上桌。如果更喜欢原版本的戴吉利，可以阅读下一章的内容（见 P117）。

潮流新饮

樱桃香草伏特加冰棍

12支（75毫升）

香草糖浆

- 1/2杯（100克）糖
- 1/2香草豆

冰棍

- $1^{1}/_{2}$杯（360毫升）汤力水
- 150毫升香草味伏特加
- 1/4杯（60毫升）香草糖浆
- 170克冰冻樱桃，粗切

制作香草糖浆 小炖锅加糖和1/2杯（120毫升）水，中高火煮。加香草豆。煮至糖完全溶解。拿走香草豆，刮下内层放入糖浆，搅匀。糖浆倒入干净容器冷却。

制作冰棍 取大碗，倒入汤力水、伏特加、糖浆混合，包入樱桃。将混合物倒进冰棍模具或冰激凌杯大小的纸杯。如果用纸杯，把杯子放进托盘，盖上箔纸，插入冰棍棒，放冰柜冻一晚。

客人到达前，在模具外围快速浇一圈烫水，把冰棍取出。冰棍在托盘上呈扇形排开，放入冰箱存放，上桌前取出。

锥形肉桂咖啡奶昔

2人份

- 1/4茶勺肉桂粉
- 1茶勺蜂蜜
- 1杯（240毫升）香草冰激凌，稍融化
- 3/4杯（180毫升）新煮浓咖啡，冷却
- 1/2杯（240毫升）加香朗姆酒
- 3/2杯（360毫升）粗碎冰
- 2根肉桂棒

取一只小微波炉碗，放入肉桂、蜂蜜和1茶勺水。微波炉加热20秒，让蜜变稀，并与肉桂混匀。

搅拌机中加入蜂蜜肉桂混合物、冰激凌、咖啡、朗姆酒和冰，搅和至顺滑。分入两只玻璃杯，以肉桂棒装饰上桌。

沙冰大都会

3 至 8 人份（见说明）

- 135 毫升伏特加或柑橘伏特加
- 1/2 杯（240 毫升）蔓越莓汁鸡尾酒
- 1/4 杯（60 毫升）白橙利口酒或君度
- 45 毫升鲜榨青柠汁

大号耐冻容器中放入所有原料，调和均匀。冰冻 1 小时后继续调和。冻成沙冰后，拿勺子挖出，放入马天尼杯或葡萄酒杯即可。

说明：按勺子的大小，可以做 3 至 4 大勺或 6 至 8 小勺。

冷冻仙人镜玛格丽特

2 至 3 人份

你在 P14 已经读过浸泡酒的内容，现在该亲手尝试了！

浸泡特基拉

- 10 枚仙人镜果实，去皮
- 1 瓶（750 毫升）银特基拉

玛格丽特

- 2 只酒渍仙人镜
- 1/2 杯（240 毫升）仙人镜泡酒
- 45 毫升鲜榨青柠汁
- 45 毫升龙舌兰糖浆
- 粗碎冰

按照 14 页做浸泡酒的步骤，将去皮仙人镜泡入特基拉 10 至 14 天。

酒滤出，只留 2 只酒渍仙人镜。用过滤装置捣碎果实，除去纤维状种子。取搅拌机，加入捣成糊的果实、浸泡酒、青柠汁、糖浆和君度，搅拌均匀。

机器中再加 1 至 2 杯冰块，搅至顺滑。饮料倒入玛格丽特杯即可。

波旁－安摩拉多酸雪糕

5 支（60 毫升）

柠檬酸饮（见 P15）

- 1/2 杯（100 克）糖
- 1 杯（480 毫升）鲜榨青柠汁

雪糕

- 1/2 杯（240 毫升）柠檬酸饮
- 1/2 杯（240 毫升）安摩拉多
- 1/4 杯（60 毫升）波旁
- 马拉斯奇诺樱桃，装饰用

取大碗，倒入柠檬酸饮、安摩拉多和波旁搅匀。取 5 只小纸杯或雪糕模具，每只底部放 1 枚樱桃，倒 1/4 杯（60 毫升）鸡尾酒。如果用纸杯，把杯子放进平底托盘。上覆箔纸，插雪糕棒。冻 4 小时。

客人到达前，在模具外围快速浇一圈烫水，使雪糕脱模。将雪糕在托盘上呈扇形排开，放入冰箱存放，上桌前取出。

根汁汽水－波旁漂浮冰激凌

10 至 12 人份

- 2 杯（480 毫升）重奶油
- 1 杯（240 毫升）半奶半奶油
- 3/4 杯（75 克）糖
- 1/2 香草豆
- 6 枚大鸡蛋的蛋黄
- 1/2 杯（120 毫升）波旁
- 根汁汽水

取厚底炖锅，装入重奶油、半奶半奶油、糖和香草豆，煮沸。

蛋黄倒入大不锈钢碗。每次加一点热奶油混合物，持续搅拌至奶油充分混合。

全部物质倒入炖锅，中高火加热 1 分多钟，不停搅拌。熄火，滤入干净的碗中。

加入波旁搅匀。

奶糊冰浴冷却（放入装满冰水的大碗中冷却），直到触感凉爽。将蛋奶糊装入耐冻器具，根据说明书用冰激凌凝冻机冰冻。这些工作可以提前一周完成，存在凝冻机里。

用勺将冰激凌挖进小高脚酒杯，浇上根汁汽水即可。

说明：如果没有冰激凌机，用高品质的香草冰激凌，杯中加 30 毫升波旁，浇上根汁汽水。

美食时刻

没有冰冻冷饮和烧烤算什么夏天？这些简单的美味缤纷了夏日，也奉上了盛大的舌尖冒险。

墨西哥胡椒玉米面包配红辣椒蜂蜜黄油

17 至 18 块迷你松饼

- 1/2 杯（1 条／115 克）无盐黄油，稍融化
- 2 餐勺蜂蜜
- 1/8 茶勺红辣椒
- 少许盐
- 食用油喷雾
- 1 盒（240 克）玉米面包小松饼预拌粉
- 1/3 杯（75 毫升）全脂牛奶
- 1 枚大鸡蛋
- 2 餐勺新鲜墨西哥胡椒，剁碎

烤箱预热至 205℃。在 24 格迷你松饼烤模上喷一层食用油（有些格子留空）。

取小碗，将黄油、蜂蜜、红辣椒和盐混匀。取一大张塑料膜，正中放黄油，卷成约 24 毫米直径的圆柱。四面围好，用包糖果的方式将两边挤好。冷却至发硬，切成 18 张薄片，和松饼一起上桌。

取中等大小的碗，放入松饼预拌粉、牛奶、鸡蛋和墨西哥胡椒搅匀，平均分入 17 至 18 只松饼烤模中，每杯约 3/4 满。

松饼烤至金黄，约 10 至 12 分钟。取出冷却 10 分钟后去模。趁热配红辣椒蜂蜜黄油上桌。

说明：如果嗜辣，可多加墨西哥胡椒。黄油中可多加红辣椒。

烤布里奶酪配蜂蜜烧烤酱

10 至 12 人份

- 1 轮（10 厘米）布里奶酪，外壳完整（见说明）
- 1/2 杯（120 毫升）烧烤酱
- 1/4 杯（60 毫升）蜂蜜
- 饼干或法棍吐司，搭配上桌用

中高火预热烤架。从冰箱中取出布里奶酪，每面烤 4 至 7 分钟，直到奶酪有烤架印迹。

取小微波炉碗，装入烧烤酱和蜂蜜，微波加热 30 秒，搅匀。大浅盘洒入蜂蜜烧烤酱，上铺布里奶酪。奶酪同刀、饼干或烤法棍吐司一起上桌。

说明：别撕掉奶酪外皮。外层薄皮完整，才能在烧烤时包住融化的部分。

烤菠萝配红辣椒、青柠和椰肉

10 至 12 人份

- 2 餐勺碎椰肉，不增甜
- 1 茶勺青柠碎皮
- 1 只菠萝，去皮去心，切成 12 毫米厚的圆片
- 食用油喷雾
- 1/2 茶勺红辣椒粉

取干燥小煎锅，中高火烤椰肉。多次搅拌，直至椰肉开始变棕、飘香，约 6 至 8 分钟。小碗中椰肉与青柠皮拌好，搁置。

中高火预热烤架。菠萝切片各面喷上食用油。每面烤 2 分钟。

将红辣椒粉和烤好的椰肉青柠皮均匀撒在烤菠萝片上。立即上桌。

10 分钟简约鸡尾酒

本月是冷冻饮品月，如果你只有 10 分钟，做好椰林飘香（见 P102）就行。将它与西瓜切片一起上桌，就可以打发走炎炎夏日的漫长时光。

女王朗姆摇酒壶（见P118）

八 月

朗姆酒

原汁原味的美洲酒

朗姆酒在历史上有不少故事，甚至颇有恶名。它是美国殖民地时期的第一种酒，后来又与海盗、奴隶交易，甚至与阿尔·卡彭、欧内斯特·海明威等“坏小子”建立了千丝万缕的联系。朗姆酒有的轻盈、有果香，有的则醇厚辛辣，不论是哪种，都可以制成著名的鸡尾酒。不管是在泳池边举办鸡尾酒俱乐部，还是筹备海岛风格酒会，朗姆鸡尾酒都是绝好的选择。

朗姆酒的命名

人们一般把朗姆酒和加勒比海等温暖地区联系起来，其实法国、加拿大、日本、澳大利亚等地也生产朗姆酒。它是以糖蜜或甘蔗汁制成的蒸馏酒，但有度数、陈酿时间甚至名字上的区别：英语国家叫它 rum，西语国家称它为 ron，法语国家则称之为 rhum。与其他酒不同，朗姆酒的制作没有特定规矩，所以不同产地的生产工艺有区别。

朗姆酒指南

朗姆酒的颜色往往能说明口味：无色或颜色稍淡的朗姆酒一般酒体轻盈，也较干。深色朗姆酒则浓郁、甜美，香气与口味和颜色匹配。比如，金色朗姆可能有焦糖和香草的口味，而黑色朗姆则有糖蜜的浓郁口感和芳香。以下列出了轻盈无色到深色带香的各种基本朗姆酒。

酒吧词源

Rhum vieux（意为“老朗姆”），是一种陈年法国朗姆酒。

淡朗姆或白朗姆 也叫银朗姆，无色透明，酒体轻盈，味道不甜。和伏特加有些相似，没有风味，适合制作各种鸡尾酒。古巴、波多黎各、委内瑞拉、多米尼加、危地马拉和美属维尔京群岛等西语地区不仅生产白朗姆，也生产陈年朗姆（ron añejo）和老朗姆（ron viejo），口感顺滑细腻。著名品牌有百加得和萨凯帕。

金朗姆或琥珀朗姆 酒体中等，一般在橡木桶中陈酿。金色来自酒桶或者添加物。它们颜色、香气和口味都较白朗姆丰富。

派对小知识

“朗姆逃亡者（Rum Runner）”是一款鸡尾酒的名字，在英语中是“bootlegging”的同义词，指的是酒的非法制作、出售和运输。唯一不同的是，“bootlegging”指的是旱地走私，“Rum Runner”则靠水路运输。也许最出名的朗姆逃亡者是威廉·弗瑞德里克·麦考伊，当时很多走私商在酒里掺水，但他的酒不掺水、品质高，赢得了“真正麦考伊好酒”的绰号。

深朗姆或黑朗姆 这种酒在内壁烧焦的木桶中陈酿，因此带上了复杂的风味和香气。木桶和焦糖共同作用，使酒色偏深。深朗姆一般味道也更像糖蜜，比白朗姆味道更甜美。格林纳达、巴巴多斯、圭亚那、特立尼达和多巴哥以及牙买加等地的朗姆酒都偏浓、偏厚、偏深。著名的有奇峰、克鲁赞、阿普尔顿、美雅士黑和高斯林黑封。

风味朗姆酒 风味朗姆和风味伏特加一样，越来越受到大众欢迎。风味朗姆一般是淡朗姆或白朗姆带上椰子、柑橘、香蕉或芒果等热带水果味。马利宝是较出名的品牌。

加香朗姆酒 加香朗姆酒和所加香料的气味和口味相同，颜色较深。一般有肉桂、茴芹、肉豆蔻、香草和太妃糖。摩根船长较出名。

超标朗姆酒 度数非常高。大多数商业朗姆酒蒸馏后度数在160至190之间，后降低到80至100度。超标朗姆酒是蒸馏后原样装瓶的，百加得151和克鲁赞陈年朗姆151正是这样的例子。

顶级朗姆酒 这些朗姆酒由于工艺或陈酿年数而尤为珍贵。和好的苏格兰威士忌一样，这些酒价格高，适合纯饮，不适合制作鸡尾酒。著名的有阿普尔顿庄园30年典藏、Don Q Gran Añejo和萨凯帕。

卡沙萨

这款巴西酒在世界范围内都很有名，本月我们要用它做卡布琳娜。它和朗姆一样是甘蔗酒，但卡沙萨只能由新鲜甘蔗汁压缩蒸馏制成，而大多数朗姆酒可以用甘蔗和糖蜜副产品制作。卡沙萨也叫做“巴西朗姆酒”。

口感测试

这个月我们要对比莫吉托（见P115）和卡布琳娜（见P115小框），它们分别是古巴人和巴西人最喜欢的鸡尾酒。虽然卡布琳娜被称作是莫吉托的巴西表亲，两者基酒相仿，且都有青柠汁，但有重要差别。卡布琳娜用的是卡沙萨，而莫吉托以朗姆酒为基酒，挤压薄荷叶、加苏打水制作。本月，调制这两种酒，看俱乐部成员更喜欢哪一杯。

四维索

“四维索”类鸡尾酒都是以冰块、朗姆酒为原料，用调酒棒（英文中也叫“四维索”）搅和制作的酒。朗姆四维索还是百慕大的国饮呢！“四维索”的名字来源于19世纪的一种海岛用具，看起来像史前工具，不像现在以火烈鸟花纹装饰的调酒棒。它以细长（约38厘米）的硬木为主干，尾部分出三五条叉，作用是混合和打泡。今天的调酒棒模样迥异，功能更少，但它和鸡尾酒小伞、漂亮的吸管一起，构成了朗姆的鸡尾酒文化，也是海岛风格酒会的必备物品。

朗姆文化

朗姆酒的文化可谓源远流长，所以本月，你也可以为俱乐部活动想个主题，纪念朗姆酒的复杂历史。端上带小伞的迈泰或戴吉利，办次海岛风格酒会；或者开家“非法小酒馆”，摆出禁酒令潘趣，享用一次舌尖盛宴。

调制准备

本月，我们有轻盈的夏日饮料女王朗姆摇酒壶（见 P118），美味又便携；也会品尝浓郁的黑暗风暴（如下）。还有多种经典鸡尾酒供你选择，如迈泰、原配方戴吉利、莫吉托和卡布琳娜。一起喝个痛快吧！

本月小贴士

本月用到海波杯、梅森罐和白兰地杯。如果做戴吉利，需要一两个搅拌机。除此之外，还要准备花哨喜气的小伞和调酒棒。

怀旧经典

黑暗风暴

1 人份

- 冰块
- 1/4 杯（60 毫升）深朗姆
- 90 毫升姜汁啤酒
- 1 餐勺鲜榨青柠汁

将所有原料放进装冰的高杯调和即可。

莫吉托

1 人份

- 30 毫升普通糖浆（见 P15）或 1 茶勺特细砂糖
- $1^1/_2$ 茶勺鲜榨青柠汁
- 6 至 8 片薄荷鲜叶，另备一枝装饰用
- 1/4 杯（60 毫升）白朗姆
- 冰块
- 苏打水

玻璃杯中加普通糖浆、青柠汁和薄荷叶，轻轻挤压出薄荷香。倒入朗姆酒，放入冰块。最后加苏打水，以薄荷枝装饰。

华丽变身

- 去掉薄荷叶，用卡沙萨代替白朗姆，即可制成卡布琳娜。
- 去掉普通糖浆，用椰子朗姆，即可制成柯吉托。

迈泰

1 人份

海岛风格必备。有人说是 20 世纪 40 年代的卡利波利尼西亚风餐馆“商人维克”（Trader Vic’s）创造了这款酒；也有人说调酒师“海滨流浪汉”唐恩（Don the Beachcomber）早在 30 年代就制作了迈泰（很多鸡尾酒传说细节都挺模糊）。不论起源，你只要喝一口水果风味的迈泰，就能立刻暂别厨房，置身于夏威夷的白色沙滩。想要更真实的体验吗？用彩色鸡尾酒小伞做装饰吧。

- 冰块
- 1/4 杯（60 毫升）深朗姆
- 30 毫升鲜榨青柠汁
- 30 毫升杏仁糖浆（见说明）
- 1 餐勺橙味柑香酒

摇酒壶装冰块，放入所有原料，摇和至冷却，倒入高杯上桌。

说明：杏仁糖浆是杏仁味的增甜糖浆，网上和商店均有售。特朗尼牌比较常见。

冻草莓戴吉利

4 至 6 人份

这款酒据说是美国矿师杰宁斯·考克斯在古巴戴吉利创造的。原配方戴吉利原料为朗姆酒、青柠汁和糖，现在则加入了水果，并可以冰冻或者加冰喝。本配方采用熟草莓，甜度足够。如果你的草莓不够成熟，可以加点儿普通糖浆。

- 3 杯（430 克）新鲜草莓，去蒂粗切
- 1 杯（240 毫升）白朗姆
- 1/4 杯（60 毫升）鲜榨青柠汁
- 冰块

用搅拌机加工草莓、朗姆和青柠汁。根据理想的浓度加减冰块份量。先放 1 杯（240 毫升），如果要厚些，每次多加半杯（120 毫升），搅拌到需要的厚度。

入杯上桌。

华丽变身

摇酒壶中加 45 毫升白朗姆、30 毫升普通糖浆、3/2 茶勺鲜榨青柠汁，滤入加冰的杯中，就得到了原配方戴吉利。

潮流新饮

禁酒令潘趣

1 人份

朗姆潘趣和朗姆酒一样种类丰富。纽约中央大车站的坎贝尔公寓是我最喜欢的酒吧，它出售很多复古的饮料，其中就有禁酒令潘趣。用比金鱼缸稍小的巨大玻璃杯盛放，冰爽清新，朗姆酒的滋味特别棒。下个月我们还会品尝备受喜爱的加勒比巴巴多斯朗姆潘趣（见 P127）。

- 1/4 杯（60 毫升）百香果果汁
- 30 毫升阿普尔顿庄园 V/X（见说明）
- 1 餐勺柑曼怡
- 少许蔓越莓果汁
- 少许鲜榨柠檬汁
- 冰块
- 30 毫升酩悦香槟

大白兰地杯中加大量冰块，混合朗姆酒、柑曼怡和果汁，调和冰镇。喝前加入香槟。

说明：阿普尔顿庄园 V/X 是一种牙买加金朗姆，有橙皮、香料和红糖等诱人的风味。

女王朗姆摇酒壶

1 人份

在有盖的梅森罐中调制鸡尾酒能够方便携带，如 P110 所示。所以，下次聚会不用带开胃菜，试试带些饮料去吧！

- 6 片新鲜薄荷叶片
- 30 毫升普通糖浆（见 P15）
- 30 毫升鲜榨青柠汁
- 75 毫升白朗姆
- 1.2 毫升安哥斯图娜比特酒
- 冰块
- 薄荷枝，装饰用

普通糖浆、青柠汁和薄荷叶片依次放入梅森罐中。用压棒或木勺轻轻混匀，并挤压薄荷叶片。

加朗姆和比特酒，拧上盖子。带到目的地之后加冰，上盖，使劲摇和冷却。开盖，加薄荷枝和吸管，享用吧！

美食时刻

烟熏辣鸡肉的辣味刺激需要莫吉托（见 P115）和女王朗姆摇酒壶（如上）这样清爽的饮料来中和。夏日美味多汁的小番茄和甜甜的熟桃子，配上冰爽的禁酒令潘趣（见 P117），更是堪称完美。

烟熏辣鸡肉配菠萝和朗姆酱

8至12人份

菠萝

- 1罐（225克）菠萝块，沥干（留菠萝汁备用）
- 2条大葱，切碎（约2餐勺）

牙买加烟熏香料

- 1餐勺加3/2茶勺红糖
- 1茶勺盐
- 1茶勺香菜粉
- 1/2茶勺干百里香
- 1/2茶勺多香果粉
- 1/2茶勺洋葱粉
- 1/2茶勺肉桂
- 1/2茶勺红椒粉(少放可减轻辣度)
- 少许黑胡椒粉

鸡肉

- 2块无骨无皮鸡胸肉
- 1餐勺牙买加烟熏香料，自制或购买
- 橄榄油，烧烤用
- 3至4条大葱，切成4厘米小段

酱汁

- 1/4杯（60毫升）加朗姆酒
- 1/4杯（50克）红糖
- 1/4杯（60毫升）留用的菠萝汁
- 少许盐

菠萝加工 菠萝块和大葱搅匀，备用。

鸡肉加工 将所有烟熏香料放入小碗拌匀，鸡肉全身用香料均匀擦拭后放入冰箱冷藏1至2小时。

制作前，以中高火预热烤架。用少量油擦拭鸡胸肉，每面烤6至7分钟或烤至内部温度为77℃。取出冷却5至10分钟。

酱汁加工 小锅中放入所有原料煮沸。调低温度，让酱汁慢慢变成糖浆的稠度，约8至10分钟。

上桌前，将鸡肉切成小块。取一片肉和一段葱，以小串肉杆或牙签串起。另配朗姆酱汁和菠萝小碟上桌，蘸着吃。

说明：如果嗜辣，将生鸡肉切成小块，在香料中拌好，放进大铸铁锅，倒2茶勺油烤6至8分钟。

番茄、罗勒和马苏里拉奶酪配意大利香醋酱

8 至 12 人份

- 1 大只番茄，切成 2.5 厘米小块
- 225 克新鲜马苏里拉奶酪小球
- 24 片新鲜罗勒叶
- 2 餐勺店售意大利香醋酱
- 2 餐勺高品质特级初榨橄榄油盐
- 新鲜黑胡椒粉

小串肉杆串起一片番茄、一只奶酪球和一片罗勒。淋上香醋酱和橄榄油，以盐和胡椒粉调味即可上桌。

说明：买不到香醋酱可以自制。小锅中倒 1 杯（240 毫升）意大利香醋，中火慢煮，煮至浓缩为 1/4 杯（60 毫升），约 20 至 25 分钟。本配方只需 2 餐勺，其余可以留用。

桃片与意大利熏火腿

16 人份

- 115 克胡桃，切细
- 115 克杏仁，切细
- 115 克蓝纹软酪
- 4 只熟桃，去核切成角
- 8 片意大利熏火腿，纵向切半
- 新鲜黑胡椒粉

胡桃和杏仁在小碗中混匀备用。

取碗放入蓝纹软酪，以木勺敲击变软。用小刀在桃片上涂抹软酪，或每块桃片上放软酪薄片。坚果压入奶酪。

用熏火腿片包起一块桃片，上撒胡椒，作为冷餐上桌。

10 分钟简约鸡尾酒

有了操作简单又方便携带的女王朗姆摇酒壶（见 P118），本月的简约鸡尾酒更有趣了。带上奶酪、水果、新鲜面包和鸡尾酒，不管是去野餐，还是去朋友家，都能度过一段欢乐时光。

黄瓜蜜瓜桑格利亚起泡酒和小萝卜配
香草、黄油和盐（见 P129、P132）

九 月

桑格利亚汽酒 & 大罐饮料

“罐”美无瑕

桑格利亚汽酒这样的大罐饮料人气火爆，原因很简单：风味、水果、酒的种类和其他原料均可自选，发挥空间无穷之大。本月，我们的口号是越大越好。不论在自家菜园，还是杂货店和酒类商店，都可以找到原料，大量制作潘趣、掺酒冰镇印度豆奶茶等各种饮料。取出潘趣酒碗，玩出新花样吧！

桑格利亚万岁

桑格利亚是这个星球人气最高的大罐饮料。随着西班牙小吃店的兴起和网络诱人美图的流传，桑格利亚的知名度也水涨船高。传统的红酒版本翻了无数新花样，让人们有了数不清的口味选择。告别了原来的甜腻口感，桑格利亚能给任何聚会增添冰爽美味。

如今，即使是严肃的鸡尾酒吧也会调制桑格利亚，它们使用特基拉、朗姆等精品蒸馏酒，维欧尼、香槟等高端葡萄酒，混合姜汁、墨西哥胡椒等各种风味（你甚至可以调制无酒精桑格利亚，同样美味）。一定有一款桑格利亚在等着你。

如何制作你的招牌桑格利亚

一旦掌握了基础知识，你就拥有了无限空间。因为调制没有严格的条条框框，只要有了以下基本原料，就能轻松调制出自己的桑格利亚。

- 自选葡萄酒。初学者用 750 毫升标准瓶。
- 水果切片或整只浆果。建议初学者用 $1^1/_2$ 杯（340 克）。
- 蒸馏酒，传统上用白兰地，但伏特加、朗姆和特基拉也可以。初学者用 1/2 杯（120 毫升）。
- 甜味剂。可以用糖、1/4 杯（60 毫升）果汁或 90 毫升甜味酒（如君度、白橙皮利口酒、柑曼怡等）。
- 起泡饮料。如干姜水或苏打水。最后倒入罐中。

了解基础知识后，依照以下指南更换水果 / 药草 / 葡萄酒组合，一定会找到适合你的桑格利亚。

- 苹果、薄荷、未陈酿霞多丽
- 混合浆果、墨西哥胡椒、维欧尼
- 白桃、罗勒、莫斯卡托
- 桃子、百里香、黑皮诺
- 草莓、薄荷、起泡葡萄酒
- 蜜瓜、薄荷、灰皮诺
- 草莓、罗勒、霞多丽
- 血橙、柠檬百里香、起泡葡萄酒
- 樱桃、迷迭香、西拉
- 核果（李子、樱桃、桃子等）、薄荷、黑皮诺
- 覆盆子、百里香、桃红葡萄酒
- 黑莓、罗勒、灰皮诺
- 菠萝、姜、阿尔巴利诺

口感测试

本月我们要尝试的是替换一种原料，彻底改变风味。按照配方做一份覆盆子百里香桃红大罐酒（见 P130），再把干型桃红葡萄酒换成另一种桃红色的酒，如白仙粉黛。虽然两种酒外表相同，但调制结果大相径庭：后者做出的桑格利亚要甜美许多。不知道俱乐部成员会更喜欢哪种呢？

- 黑莓、姜、赤霞珠
- 菠萝、香脂草、莫斯卡托
- 黄瓜、姜、起泡酒
- 荔枝、覆盆子、清酒
- 猕猴桃、草莓、罗勒、长相思葡萄酒

传统桑格利亚使用白兰地或白兰地加柑香酒，不过你大可尝试更换蒸馏酒制作。朗姆酒适合热带水果和轻盈的白葡萄酒；特基拉适合柠檬、青柠等柑橘类水果与长相思葡萄酒；金酒适配柠檬、青柠、西瓜、黄瓜以及葡萄牙青酒。你甚至可以把蒸馏酒替换成柠檬汁或白蔓越莓汁，制成无酒精饮料。

瓶装、预调饮料的准则

不论是鸡尾酒爱好者，还是一流酒吧的调酒师，都很了解预调鸡尾酒的便捷。它能减少顾客的等待时间，也免去调酒师时时看着长队发愁之苦。

最受欢迎的预调酒有“法兰西 75”（见 P163）、“死而复生 2 号”（见 P156）和尼格罗尼（见 P27）。所有大罐饮料都是越新鲜越好，但这并不意味必须即点即做。预调酒也是讲究时间的。

- **提前几天**　调制只含蒸馏酒的饮料，如马天尼、尼格罗尼和曼哈顿。
- **前一天晚上**　有水果切片的饮料，如桑格利亚。实际上有些饮料预调更好，能让水果和酒更入味。
- **当天早上**　有预榨或鲜榨果汁的饮料，如玛格丽特和粉红帕洛玛。
- **不能预调**　不论是赛尔脱兹矿泉水还是香槟，只要有起泡成分，都不能完全预调。但是你可以先做好其他部分装瓶，上桌前再倒入起泡饮料。瓶上贴张小条再放冰箱，就不会忘记了。

大冰块更好

大罐饮料不用碎冰、刨冰，大块冰最好。如果要装入潘趣酒碗，得用更大的冰块。找一只比酒碗小的耐冻碗，装水，调和入水果、药草或可食用花饰，冰冻一晚。酒碗中放好制酒原料后，取出冰碗，以温水浇边使冰块松动，取出冰块放入酒碗。这块冰在阴凉下可以保存数小时。

派对小知识

最初人们用小玻璃杯盛放潘趣酒，为的是鼓励客人多次靠近潘趣酒碗，从而引发谈话，使宴会生动有趣。所以下次喝潘趣酒或大罐饮料时，尝试采用小酒杯，看看会不会有区别。

调制准备

大批量饮料是主人的好伙伴。提前准备可以空出时间，让人轻松快速地做好各种潘趣酒，这样能迎合各种不同需求，做出老少咸宜的饮料。潘趣酒碗和大罐饮料放在桌子中央作装饰，最为优雅实用。漂亮罐子里摆上华丽的水果和闪亮的冰块，所有人都会目不转睛的。如果有足够空间，本月的俱乐部活动不妨试试设置几个酒水台，把大罐饮料放在几个不同的区域，让人们自由走动，自由交谈。

本月小贴士

看起来随便把什么扔进碗里，再倒些酒，就能做出潘趣了。但是要让饮料好喝，还需要一点儿技巧。

- *提前计划*　把用不完剩下的材料混在一起就能做成大罐饮料和潘趣酒？错！
- *使用当季材料*　采购时注意哪些水果和药草正当季，用它们作为原料。和做浸泡酒一样，用高度数的比特酒和酊剂能吸收更多水果味。
- *将配方作为指南，而非指示*　大胆尝试，按照 P124 的指南替换原材料。
- *遵守瓶装、预调饮料的准则*（见 P125）看看哪些饮料可以提前做。
- *试喝每一批饮料*　对待大罐饮料要和对待精心调制的单品一样用心，特别是改变甜度的时候。就像做菜时要用椒盐调味，端酒上桌前一定要调整酸甜度。

怀旧经典

牛奶潘趣

6 人份

- 3/4 杯（180 毫升）白兰地
- 3/4 杯（180 毫升）深朗姆
- 1/4 杯（60 毫升）普通糖浆（见 P15）
- 2.4 毫升香草精
- 3 杯（720 毫升）全脂牛奶
- 鲜磨肉豆蔻（可选）

大罐中放冰至 3/4 满，放入所有原料调和均匀。倒入装冰的玻璃杯，最上层以肉豆蔻碎屑装饰。

巴巴多斯朗姆潘趣

6 人份

记住这款来自巴巴多斯的潘趣有窍门："一酸二甜，三强四弱"。就是说，一份青柠汁、两份甜味剂、三份朗姆酒和四份水。

- 90 毫升鲜榨青柠汁
- 3/4 杯（180 毫升）普通糖浆（见 P15）
- 270 毫升巴巴多斯深朗姆（越陈越好）
- $1^1/_2$ 杯（360 毫升）水
- 2.4 毫升安哥斯图娜比特酒
- 鲜磨肉豆蔻（可选）

所有材料在大罐中调和，饮用时加冰。

传统桑格利亚

6 人份

- 1 只柠檬，切成圆片
- 1/2 只橙子，切成圆片
- 1 枚苹果，去核切片
- 1 只青柠，切成圆片
- 1 瓶（750 毫升）西班牙红葡萄酒（如里奥哈）
- 1/4 杯（60 毫升）君度
- 1/2 杯（120 毫升）白兰地
- 90 毫升鲜榨橙汁
- 2 杯（480 毫升）苏打水（嗜甜者可改用干姜水）

大罐中先后放入水果、葡萄酒、蒸馏酒和橙汁，调和后放入冰箱一夜。上桌前加苏打水，饮用时加冰。

潮流新饮

白桃桑格利亚起泡酒

4 至 6 人份

- 2 大只或 3 小只白桃，切片
- 3/4 杯（180 毫升）桃味白兰地
- 1 瓶（750 毫升）冰镇莫斯卡托
- 1 升冰镇矿泉水
- 冰块

从左至右：黄瓜蜜瓜桑格利亚起泡酒，蓝莓薰衣草伏特加起泡酒，小萝卜配香草、黄油和盐

取 3/4 白桃片，与白兰地一起放入大罐，轻轻挤压桃片。加入莫斯卡托与矿泉水，用木勺调和均匀。桑格利亚倒入装冰的玻璃杯，上方以两片鲜桃装饰。

黄瓜蜜瓜桑格利亚起泡酒

1 杯（225 克）黄瓜薄片

- 1 杯（225 克）蜜瓜块
- 1/2 杯（120 毫升）亨利爵士金酒
- 1/4 杯（60 毫升）柑香酒
- 1 瓶冰镇卡瓦酒（西班牙起泡酒）
- 1 只柠檬，切为薄片
- 薄荷枝，装饰用

大罐装入瓜果、金酒、柑香酒。轻轻挤压黄瓜和蜜瓜。

加卡瓦酒和柠檬轻轻调和。舀出几块瓜果放入各杯。杯中加冰，倒入桑格利亚，以一枝薄荷装饰。立刻上桌。

说明：加一小只墨西哥胡椒，去籽切圆片，可以使这款酒变辣。

蓝莓薰衣草伏特加起泡酒

6 至 8 人份

- 1 杯（225 克）新鲜蓝莓
- 2 杯（480 毫升）伏特加
- 3/4 杯（180 毫升）蓝莓薰衣草糖浆（下附配方）
- 1/2 杯（120 毫升）鲜榨青柠汁
- 3 杯（720 毫升）苏打水
- 新鲜薰衣草，装饰用

蓝莓有两种加工方法：一是将蓝莓分入两只冰盒，加水冰冻。二是均匀铺进烤盘，冻结实。

取大玻璃罐，倒入伏特加、蓝莓薰衣草糖浆、青柠汁和苏打水。加入一半蓝莓冰块或冻蓝莓，另一半分入玻璃杯。杯中倒入饮料，每杯以一枝薰衣草装饰。

蓝莓薰衣草糖浆

- 1 杯（200 克）糖
- 1 杯（225 克）新鲜蓝莓
- 4 枝新鲜薰衣草，或 $1^1/_2$ 茶勺食用干薰衣草

炖锅中加 1 杯（240 毫升）水、糖和蓝莓煮沸，搅拌使糖溶解。调至低火，加薰衣草焖煮 10 分钟。糖浆滤入干净容器，压出蓝莓汁。密封放冰箱冷藏，保质期 2 周。

掺酒冰镇印度豆奶茶

6 人份

- 4 至 6 只印度香茶或红茶包，或 8 茶勺散装茶
- 1 杯（240 毫升）香草豆奶
- 1 杯（240 毫升）陈酿朗姆酒（波旁或白朗姆也可）
- 蜂蜜或龙舌兰糖浆（可选）

将茶包、2 升冷水放入大罐，盖好。散装茶用法压处理。将混合物放入冰箱一晚或不少于 8 小时。茶冷冻越久就会越浓。

取出茶包。加入豆奶和朗姆酒，调和均匀。如果豆奶里没有糖，可加些甜味剂。加冰上桌。

覆盆子百里香桃红大罐酒

4 至 6 人份

这款酒不同于那种甜腻又容易醉人的饮料。它舍弃深加工原料，改用挤压过的覆盆子和新鲜百里香等自然添加剂。如果你喜欢更轻盈的酒体，可以用普罗赛柯代替桃红葡萄酒。

- 1/4 杯（55 克）砂糖
- 1/4 杯（60 毫升）覆盆子酒
- $1^1/_2$ 杯（340 克）新鲜覆盆子
- 1 瓶（750 毫升）冰镇干型桃红葡萄酒
- 冰块
- 6 枝新鲜百里香，洗净，装饰用

取小炖锅，放糖和 1 杯（240 毫升）水，搅拌至糖完全溶解。取大罐，放覆盆子，倒入刚做好的糖浆和覆盆子酒，静置 5 分钟。

倒入葡萄酒调和。盖住饮料冷却，上桌前加冰并以一枝新鲜百里香装饰。

美食时刻

现在无花果正当季，可别错过噢。对本周较甜的饮料来说，无花果的甜味非常理想。觉得可能会不喜欢？先试试这些点心吧。一是无花果裹新烤咸味意大利熏火腿；另一种则撒着蜂蜜与坚果，与羊乳酪搭配。吃完其中一种，你都绝对会变成无花果死忠。另一方面，菜园里的新鲜小萝卜经过法式处理，辅之以香草软黄油和松脆的盐粒，搭配本月的起泡酒非常好吃。

蓝莓薰衣草伏特加起泡酒（见 P129）

小萝卜配香草、黄油和盐

10至12人份

剪去萝卜缨子，只留一点儿，方便拿起来蘸。

- 1/2杯（1条/115克）优质无盐黄油，软化（见说明）
- 1茶勺鲜切龙蒿草
- 1茶勺鲜切大葱
- 1茶勺鲜榨柠檬汁
- 1/2茶勺鲜切莳萝
- 1/2茶勺鲜切欧芹
- 1/2茶勺柠檬皮
- 新鲜胡椒粉
- 约24只普通萝卜或法国早餐萝卜
- 2餐勺优质海盐

取小碗，放入软化的黄油、龙蒿草、大葱、柠檬汁、莳萝、欧芹、柠檬皮和胡椒粉。

萝卜搭配香草黄油和一碟海盐上桌。在萝卜上抹黄油，或直接用萝卜从碗里蘸黄油再撒上盐吃。

说明：如果急着软化黄油，将黄油棒切成小块，放入拉链袋用擀面杖敲打。用手按摩一会儿，双手的温度会让它变软。然后将黄油放入碗中，用木勺完成最后的软化。

烤无花果配意大利熏火腿

12 人份

- 12 枚新鲜无花果，去柄，切半
- 12 片意大利熏火腿，纵向切半
- 3 餐勺橄榄油

中低火预热烤架。每半只无花果用一片熏火腿卷起，刷上油，烤 2 至 4 分钟，或者等到全部热透，熏火腿开始发脆。

鲜无花果配羊乳酪、薄荷与蜂蜜

12 人份

- 24块（12毫米宽）羊乳酪（约225克）
- 1/4 杯（55 克）细切鲜薄荷
- 24 只新鲜无花果，去柄
- 1/4 杯（60 毫升）蜂蜜
- 3/4 杯（170 克）细切烤榛果（可用杏仁、夏威夷果或胡桃替代）

取小碗，拌好羊乳酪和薄荷。用刀在每只无花果果蒂处划个“X”，放 1 块乳酪。

蜂蜜微波加热 10 秒，滴洒在无花果上，再撒入坚果。冷却至常温上桌。

10 分钟简约鸡尾酒

本月，我们接触到了莫斯卡托，这是款来自意大利东北地区的白葡萄酒，口味微甜、有少量气泡。做一罐白桃桑格利亚起泡酒（见 P127），搭配意大利熏火腿包蜜瓜，10 分钟就能做出“罐”美无瑕的美味。

肯塔基姜酒（见P142）

十月

啤酒鸡尾酒

啤酒的鸡尾酒时刻

十月是野营和野餐的时间，正适合喝啤酒饮料。严格说来，用啤酒代替蒸馏酒调制的饮料不算鸡尾酒，但我觉得不应该错过它。它不需要很多调酒饮料，也不要花哨的玻璃杯，还可以且只有这一次可以用塑料杯。多次试验后，我发现有些啤酒饮料的微妙之处在塑料杯里也不会丢失。但我的首选永远是啤酒杯或鸡尾酒杯。

一旦开始研究某种基酒的鸡尾酒，就会惊讶于其数量之庞大，啤酒也是一样。啤酒鸡尾酒的爱好者创造了多少搞笑的名字呀！从跳与裸（金酒、啤酒和酸酒混合）到啤酒汁（啤酒、佳得乐、塔巴斯哥辣酱和枫糖浆），我几乎尝过所有的啤酒鸡尾酒，并亲自挑选了值得带进俱乐部的几种。

啤酒教室

调鸡尾酒时，啤酒比大多数蒸馏酒都要容易掌握。它的分类更明晰，一旦理解了不同种类的风味和个性，就能很快学会用它们调酒。

啤酒有 4 种主要原料：谷物、水、酵母和啤酒花。

谷物 谷物一般采用大麦芽和小麦芽，但也少量使用燕麦、玉米、大米和黑麦。还可添加水果、香料等加味的原料。啤酒的颜色由金黄到黑色，口味由甜美到苦涩，取决于烘烤的时间。

啤酒花 啤酒花是生长球果的蔓性植物——苞片中满是芳香的树脂、挥发油和让啤酒带上苦味的酸。啤酒花中的丹宁给了啤酒干涩的口感和余味，也是天然的防腐剂。

酵母 酵母能将谷物中的糖变成酒精，同时释放二氧化碳——也即你杯中的气泡和泡沫。发酵方式有两种：上发酵，即发酵过程中酵母在顶部，如艾尔啤酒；下发酵，即发酵时酵母在底部，如拉格啤酒。每种方式都会带来特别的口感和质感。

艾尔和拉格

啤酒大致分两种：艾尔和拉格。艾尔啤酒用上发酵的酵母，温度较拉格高，制作时间较短，只要 7 天，因此二氧化碳含量少，较混浊，酒精含量较高。总体而言，艾尔啤酒香味复杂，比较酸、有水果味，酒体更饱满（如司陶特啤酒）。这两种类型中，艾尔更为浓郁。

购物时常见的子类别有以下几种。

特苦啤酒 这种艾尔酒有浓郁的啤酒花味，也叫伊士皮、ESB（Extra Strong Bitter Ale），著名的有富勒 ESB、红湖英式苦啤酒和巴斯艾尔啤酒。

小麦啤酒 主原料是小麦，啤酒花味和风味都很淡。比较混浊，常有隐约水果余味。较出名的是巴伐利亚特产 Hefeweizen 酒。

拉比克啤酒 这种只产于比利时的果味小麦啤酒很像葡萄酒，适合配餐。拉比克啤酒一般添加覆盆子（framboise）、樱桃（kreik）和桃子（pêche）之类的香料，用当地的野生酵母发酵和细菌发酵，有特别的酸辣味。

司陶特和波特 这两种用的都是重度烘烤的大麦，所以几近黑色。波特比司陶特更淡，有烘烤和巧克力香（如森美尔的泰迪波特）。司陶特（如健力士）有类似的烘烤味，还有额外添加的咖啡或者奶油麦芽味。

赛森 来自比利时的淡色艾尔。气泡多，有果香，有时辛辣，用葡萄酒一样的大瓶装。因为是在农场收成不足时酿造，所以也被称为“农场艾尔”。希尔农庄的安（Ann）在此类中较出名。

棕色艾尔 这种深棕色泛红的英国艾尔酒带着坚果味，有柔和的啤酒花香。

一个例子是纽卡斯尔棕色艾尔。

淡色艾尔 颜色清淡，啤酒花的特色明显，因此较苦。内华达山脉的淡色艾尔较受欢迎。

拉格发酵温度低，用下发酵的酵母，酿造时间比艾尔长，它们爽脆、顺滑，风味和香气都更精致。其中，博克、双博克、邓克尔以及墨西哥的“黑模（Negro Modelo）”等都是醇厚的黑啤酒。

购物时常见的子类别有以下几种。

皮尔森 世界上最受欢迎的啤酒类型。颜色淡，味较苦。银子弹、时代啤酒、皮尔森之源（Pilsner Urquell）等都很有名。

博克 颜色由金有褐，还有深棕。酒体饱满浓郁，麦芽汁浓度高。修道院博克（La Trappe Bockbier）及圣尼古拉博克（St. Nikolaus Bock Bier）较出名。

双博克 加强版博克，颜色更深、度数更高，贴有双博克（doppelbock）标签。艾英格庆祝双博克（Ayinger Celebrator Doppelbock）即为一例。

三博克 加强版双博克，颜色近黑，酒精含量可高达 18%。著名美国牌子三姆啤酒生产的三博克就不错。

蒸汽啤酒 高温酿造，不经过冷凝，是艾尔和拉格的结合版。有满满的烘焙麦芽香，啤酒花味重到杀口。它和拉格一样爽脆多泡，又像艾尔一样酒体饱满。铁锚牌蒸汽啤酒最为有名。

酒吧词源

精酿啤酒一般由独立酿酒厂或独立酿酒师小批量制作。

派对小知识

你知道吗？ 4000 多年前的巴比伦王国有一种风俗，婚礼过后，丈人要送给新郎足足一个月量的蜂蜜酒。这就是“蜜月”的起源。

姜汁啤酒和干姜水

做鸡尾酒用到的姜汁啤酒并非艾尔和拉格那种意义上的啤酒。说它是“啤酒”因为经过了酿造、发酵，但它是无酒精饮料。历史上曾有过含酒精的姜汁啤酒，但它现在只有强烈的新鲜生姜味。干姜水则是以水和生姜为原料生产的含碳甜苏打水，没有姜汁啤酒里新鲜生姜的那股子辣味和刺激。

调制准备

有些啤酒鸡尾酒很简单，只用啤酒加另一种原料即可，但大多数啤酒鸡尾酒没有那么简单。本月我们的基酒可以是啤酒，也可以是姜汁啤酒。如果坚持使用优质啤酒、新鲜原料，并对新口味保持开放的态度，你会得到很多启迪。那么现在做好调制准备吧！

本月小贴士

本月设备需要哪些呢？开瓶器和品脱杯就够了。

如何倒酒 啤酒和香槟一样，倒完后会不断产生丰富的泡沫，按照下面的方法，可以防止啤酒溢出：倾斜 45 度角握住酒杯，倒 2/3 满。再立起杯子，再倒入啤酒至离杯口 2.5 厘米。

不用摇酒壶 本月我们不用摇酒壶，啤酒中含有丰富的二氧化碳，摇和可能会爆炸。所以调制含有大量啤酒的饮料，我们不需要猛烈摇和，只采用调和法。

主流啤酒鸡尾酒

啤酒摩莎

1 人份

早午餐的最佳伴侣。用小麦啤酒或拉格淡啤酒兑橙汁即可。不过我更喜欢芒果和血橙口味。

芒果味

- 1 杯（240 毫升）冰镇小麦啤酒
- 1 杯（240 毫升）冰镇芒果原汁

血橙味

- 1 杯（240 毫升）鲜榨血橙汁，冰镇
- 1 杯（240 毫升）冰镇淡拉格（如

佩罗尼蓝带啤酒）

取冰过的品脱杯，放入所有原料调和。如果想更淑女风，在笛形香槟杯中加 30 毫升果汁，再加入小麦啤酒或淡拉格。

香迪啤酒

香迪是伦敦著名的夏季饮料，以啤酒掺柑橘苏打水、柠檬汽水或柠檬水制作。根据掺入的饮料，它可以有果味、辣味，也可以相当浓烈。

传统柠檬香迪

1 人份

- 1 杯（240 毫升）冰镇柠檬汁
- 1 杯（240 毫升）冰镇拉格啤酒

取一只冰过的高品脱杯，先后倒入柠檬汁和拉格。也可用覆盆子柠檬汁代替普通柠檬汁，再以几只新鲜覆盆子装饰。

杏味香迪

1 人份

- $1^1/_2$ 餐勺糖
- 1 餐勺鲜榨柠檬汁
- 1 枚新鲜杏子，切片
- $1^1/_2$ 杯（240 毫升）冰镇 Hefeweizen 酒

取一只冰过的品脱杯，放入糖和柠檬汁，搅拌至糖全部溶解。加入杏子的 2/3，轻轻挤压。添入啤酒调和均匀即可。

菠萝香迪

1 人份

- 4 至 6 片新鲜凤梨鼠尾草或鼠尾草叶
- 冰块
- 3/4 杯（180 毫升）菠萝汁
- 3/4 杯（180 毫升）冰镇温和拉格，如红带（Red Stripe）和赛生（Session Lager）
- 1 片新鲜菠萝，装饰用

品脱杯中轻轻挤压鼠尾草，加约 1 杯（240 毫升）冰。添加果汁，最后加拉格调匀。以菠萝片装饰。

米切拉达（见 P141）

米切拉达

1 人份

这款啤酒鸡尾酒是我家排名第一的夏季饮料。清凉的啤酒，配上香辛料或辣酱，加入新鲜青柠汁，装在盐边品脱杯中上桌，简直太棒了。有时也可用番茄汁、蛤蜊汁或蛤肉番茄汁（前两种的混合）调制。

- 2 角青柠
- 粗盐，做盐边用
- 1 茶勺弗兰克斯辣酱（或选你喜欢的牌子）
- 1/2 茶勺美极鲜酱油或辣酱油
- 冰块
- 1 瓶（360 毫升）冰镇科罗娜啤酒

用青柠角将冰过的品脱杯沾湿，杯口蘸一圈盐。

倒入辣酱和酱油调和。

杯中装冰，倒入冰镇啤酒。调和后以青柠角装饰。

华丽变身

冷冻版　炎炎夏日，我喜欢把原料都塞进搅拌机。上述材料加 2 杯（480 毫升）冰，就能做出凉爽美味的沙冰饮料。

微辣版　加少量烟熏辣椒粉和红辣椒。不够过瘾还可以用串肉杆插半只墨西哥胡椒做配菜。

黑色版　用“黑模”（一种墨西哥黑啤酒）做基酒，用 2 餐勺阿多波酱代替弗兰克斯辣酱，1 茶勺酱油代替美极。

姜汁啤酒鸡尾酒

莫斯科骡子

1 人份

这款饮料有自己专用的小铜杯。如果没有，普通的品脱杯也可以。

- 1/2 只青柠
- 冰块
- 1/4 杯（60 毫升）伏特加
- 1/2 杯（120 毫升）冰镇姜汁啤酒

高杯中装冰，挤进青柠汁，并放入青柠。倒入伏特加和姜汁汽水调和即可。

从左至右：米切拉达和肯塔基姜酒（见 P141、P142）

肯塔基姜酒

1 人份

- 1/4 杯（60 毫升）波旁
- 30 毫升姜汁啤酒
- 0.4 毫升安哥斯图娜比特酒
- 冰块
- 1 枝新鲜迷迭香
- 1 片姜糖

摇酒壶放冰块，倒入波旁、姜汁啤酒和比特酒。调和冷却，滤入空杯。

将摇酒壶中的冰块舀进杯中，放入迷迭香装饰。姜糖切入直径的 3/4，挂杯沿装饰。

美食时刻

很多吃食搭配啤酒都不错。由于啤酒饮料创造了轻松随和的环境，这个月，我们将用甘薯片和番茄酱搭配辣口饮料米切拉达（见 P141），用新版炸鱼薯条搭配香迪（见 P139），最后别忘了还有培根啤酒烤肉堡（见 P144），搭配任何姜汁啤酒鸡尾酒都很不错呢。

脆口罗非鱼配自制塔塔酱和甜味红辣酱

10 至 12 人份

甜味红辣蘸酱

- 1 杯（100 克）糖
- 1/2 杯（120 毫升）米酒醋
- 1 餐勺是拉差酱（一种大蒜辣酱）
- 1/2 茶勺红辣椒片

罗非鱼

- 1/4 杯（30 克）中筋面粉
- 盐和鲜胡椒粉
- 1 枚大鸡蛋，兑少量水打好
- 2 杯（230 克）面包屑
- 1 餐勺柠檬皮
- 455 克罗非鱼片，切成 9 至 10 厘米长、2 厘米厚的长条
- 1 茶勺老湾酱油调味料
- 食用油喷雾

塔塔酱

- 1/2 杯（120 毫升）蛋黄酱
- 2 餐勺碎刺山柑
- 1 餐勺鲜榨柠檬汁
- 3/4 茶勺柠檬皮
- 新鲜欧芹切碎，装饰用
- 若干毫升辣酱
- 若干毫升辣酱油

- 盐和新鲜胡椒粉
- 2 只柠檬，切为角状小片

甜味红辣酱制作 取小锅，放糖、醋、1/2 杯（120 毫升）水煮沸，放入耐热容器冷却。完全冷却后，加入是拉差酱和红辣椒片混匀，密封后室内存放，如果是以后用则放入冰箱冷藏。

罗非鱼制作 预热烤箱至 230℃。准备三只浅盘，第一盘放面粉，加点儿盐和胡椒粉；第二盘放打好的鸡蛋；第三盘放面包屑和柠檬皮，混匀。

鱼用老湾酱油调味。一边将烤盘放在烤箱里预热，一边处理鱼肉。给每片鱼蘸上面粉，抖去多余，再泡进蛋液，最后均匀沾上面包屑和柠檬皮。处理完毕，取出发烫的烤盘，喷上食用油。把鱼肉摊平在烤盘中，烤 8 至 10 分钟，或烤至鱼肉熟透开始变成棕色，记得中途翻面。

塔塔酱制作 取小碗，放蛋黄酱、刺山柑、柠檬汁、柠檬皮、辣酱和辣酱油混匀。以盐和胡椒粉调味。上桌前放冰箱冷藏。

罗非鱼趁热上桌，搭配塔塔酱、甜味红辣酱、柠檬角和新鲜欧芹。

辣味甘薯块配是拉差番茄酱

10 至 12 人份

- 1 餐勺橄榄油
- 1 茶勺红辣椒粉
- 1 茶勺孜然粉
- 1/2 茶勺盐
- 1/4 茶勺鲜胡椒粉
- 445 克甘薯，切为 2 厘米厚的小块，或 1 袋 455 克冷冻甘薯块
- 1/2 杯（120 毫升）番茄酱
- 2 茶勺是拉差酱

预热烤箱至 220℃。取大碗，将油、辣椒粉、孜然粉、盐和胡椒粉混匀。放入甘薯块，均匀裹好粉。在烤盘上铺成一层，烤 18 至 20 分钟或烤软变黄，中途翻面。取小碗混匀番茄酱和是拉差酱。甘薯块搭配是拉差番茄酱，趁热上桌。

培根啤酒烤肉堡

12 至 14 人份

- 1 块（1.6 至 1.8 千克）牛胸肉，去脂肪（不用腌）
- 盐和鲜胡椒粉
- 1 茶勺红辣椒粉
- 1 餐勺植物油
- 1 枚大洋葱，切片
- 3/4 杯（180 毫升）司陶特啤酒，如健力士牌（Guinness）
- 3/4 杯（180 毫升）烧烤酱（自制或购买）
- 4 瓣大蒜，拍扁
- 6 片培根，烤过沥油切碎
- 12 至 14 只汉堡胚
- 1 杯（225 克）腌胡椒切片（可选）

牛胸肉以盐、胡椒粉和辣椒粉调味。取大平底锅（铸铁锅为佳），中高火热油。放牛胸肉，各面均烤成棕色。取慢炖锅，开低火，将洋葱铺在最底层，上层放牛胸肉。

司陶特啤酒、烧烤酱和大蒜放碗里混匀，浇在牛胸肉上。放入培根后，盖上盖子烧 8 至 10 小时（取决于份量多少），期间多次在牛胸肉上抹酱。如果预备切碎，则久些；预备切片，则时间短些。每只汉堡胚中放入一铲碎肉或几块肉片，上浇酱汁，如果喜欢还可以放腌胡椒片。

10 分钟简约鸡尾酒

调制一杯冰爽的米切拉达（见 P141），搭配新鲜鳄梨酱。取中等大小的碗，捣碎 3 只鳄梨，加入适量切碎的胡椒、红洋葱和番茄，倒入辣酱和新鲜青柠汁，最后拌入盐。搭配薯条一起吃，享受凉爽惬意的鸡尾酒时刻吧。

“镇压者2号”（见P155）

十一月

利口酒 & 其他

配角

世界最精致的酒吧后台，一排排的漂亮酒瓶盛放着各式各样的烈酒与利口酒，有的苦涩不堪，有的甜比蜜糖。利口酒不适合纯饮，但往往添加一两滴，就能让死板的饮料变成结构复杂的鸡尾酒。这个月，找到你中意的利口酒，把它变成你的吧台常客吧。活动结束后，只懂常见鸡尾酒的酒吧小白一定会摇身成为点单专家。

餐前 & 餐后

本月我们讨论的不少饮料可以归入餐前酒或和餐后酒的范围。

餐前酒也叫开胃酒，在用餐前喝可以刺激胃口、唤醒味蕾、增加食欲。许多低酒精饮料可以做餐前酒，如味美思、利莱、起泡酒和金巴利。

餐后酒与餐前酒相反，它是药草味或苦涩的饮料，餐后饮用能帮助消化。每个欧洲国家似乎都有自己的餐后酒。我和意大利朋友一起度假时，没有餐后酒，一餐就不完整。他们主要喝意大利的雅凡那阿玛罗和珊布卡。法国人喜欢法国茴香酒，希腊人则爱希腊茴香酒。

利口酒

利口酒是在蒸馏酒（可以是中性谷物烈酒，也可以是朗姆、特基拉或威士忌）中添加水果、药草、香料、坚果、奶油甚至花卉等成分酿造的，一般加糖，味道偏甜，也有的偏苦。

市场上有成千上万种利口酒与烈酒，我按照风味，划分成欧亚甘草与茴芹味、水果味、苦涩与药草味、坚果味、花香味，从而写成了全面的利口酒与烈酒指南，帮助你理解任何鸡尾酒的酒水单。

酒吧词源

英文中“liquor”指任何酒精饮料，而“liqueur”则特指利口酒，是蒸馏酒加风味加糖制成的酒精饮料。所以“liqueur”是“liquor”的一种。

欧亚甘草和茴芹味 苦艾酒是最受欢迎的欧亚甘草味利口酒，但名声不大好，据说会上瘾致幻，甚至引发过 1905 年瑞士的一桩惊天谋杀案。种种恶名，加上早年生产法规缺失，导致苦艾酒在美国被禁近 90 年。如今，“绿色仙子”重返美国，新生产法规生效后，不再有引发精神错乱的传闻。苦艾酒浓烈，有茴芹香，它的药草风味来自于茴芹、茴香，还有味道极苦的苦艾（不喜者勿食）。老海报里把苦艾酒画成荧光绿色，其实它没有荧光，而是偏草绿色，颜色有偏黄 / 微绿到澄清不等。在萨泽拉克（见 P78）中，我们已经尝过苦艾酒的味道，但本月的口感测试中我们会以传统方式，用糖块、水和苦艾漏勺制作。

在逛酒类商店时，你还可能遇到的欧亚茴芹味饮料还有以下几种 。

- 希腊茴香酒（Ouzo）
- 法国茴香酒（Pastis）
- 茴香利口酒（Anisette）
- 珊布卡（Sambuca）
- 中东亚力酒（Arak）
- 野格酒（Jägermeister）
- 加利安奴（Galliano）
- 草圣（Herbsaint）

水果味 意大利柠檬甜酒是大受欢迎的果味利口酒，富含辛烷。在罗马，每家酒吧的吧台后面都有这种餐后酒，数量繁多，乱七八糟。我关于它的回忆很美好，去了爵士酒吧，还坐了旋转木马，但依然要提醒大家，小心那些泛着荧光黄的瓶子——谁知道酒吧放了什么东西进去呢。所以，不妨自己调制。

如何自制意大利柠檬甜酒

6 杯（1.4 升）量

海绵层指的是柠檬皮和果肉之间的白色部分。它味道很苦，所以务必用锋利的削皮刀去皮，不要海绵层。水果可以榨汁、做柠檬糖浆或柠檬汁。

- 10 只柠檬，洗净削皮，无海绵层
- 2 杯（500 克）糖
- 1 瓶（750 毫升）伏特加

柠檬皮放入有盖的大容器，浇上伏特加。盖好后存放于阴凉处 10 至 14 天。无需搅拌，也不用检查。浸泡结束后，用细孔过滤网过滤。

3 杯水（720 毫升）和糖入锅，开中火搅拌至糖完全溶解。让糖浆彻底冷却。

冷却后，在柠檬伏特加中倒入糖浆调匀。倒入干净的瓶子存冰箱，喝时取出即可。

如果宾客们不喜欢柠檬，鸡尾酒中还可以添加其他果味利口酒。

- 橙味：柑香酒、柑曼怡、白橙皮酒、君度、马帝尔德橙味、桃乐丝橙味
- 樱桃味：喜灵樱桃、路萨朵樱桃
- 蜜瓜味：蜜多丽
- 柑橘香草：Licor 43、Tuaca
- 石榴味：PAMA 利口酒，也可自制（见 P15）
- 覆盆子：香博
- 桃／杏：金馥、玛丽白莎杏味
- 苹果味：百人城

药草味 & 苦味　这一类别的利口酒有药草味和苦味，因而有稍许药用价值。英国著名利口酒品牌飘仙出过一个系列的瓶装鸡尾酒，根据不同的基酒有 7 种：金酒、威士忌、白兰地、朗姆酒、黑麦威士忌、伏特加和特基拉。其中“飘仙 1 号”以金酒为基酒，有柑橘、辛辣和苦涩味。英国人用“飘仙 1 号”兑英式柠檬汽水（类似美国的柠檬青柠苏打水或干姜水），创造出大受追捧的消暑饮料。据传说，“飘仙 1 号”的秘密配方只有 7 个人知晓。

酒吧词源

“杯（cup）”一词本来也指英国的狩猎聚会时，猎人出发前喝的英国潘趣酒。现在“杯”的内涵延伸到花园派对、槌球游戏、运动比赛和在州长宅邸野餐时喝的饮料。感受到英伦贵族的气息了吗？来一“杯”飘仙 1 号吧！

如果你喜欢苦味，推荐以下饮料。

- 阿佩罗：橙味（橙色）意大利酒，兑普罗赛柯调成阿佩罗菲士（见 P166）。
- 西娜尔：以洋蓟为原料制作的意大利苦甜酒，经常和苏打水一起使用治疗胃痛。
- 金巴利：尼格罗尼（见 P27）中有它。金巴利是处于偶像地位的红色苦味意大利利口酒，酒精浓度低，兑上苏打水便是完美的餐前酒。
- 利莱：这款法国餐前酒以葡萄酒与柑橘制作，原料中有橙皮和利口酒。一般纯饮，调制成鸡尾酒也同样美味，如“死而复生 2 号”（见 P156）。利莱有白葡萄酒（Lillet Blanc）和红葡萄酒（Lillet Rouge）两种。
- 潘脱米：这款红味美思味苦而浓烈，可以在曼哈顿（见 P77）和尼格罗尼（见 P27）中替代传统的柔和红味美思。
- 杜本内：以葡萄酒为基酒的法国餐前酒。有红色（杜本内红葡萄酒——甜美浓郁）和白色（杜本内白葡萄酒），原料包括多种药草、香料和奎宁（汤力水的成分）。相较本类别其他酒来说不是很苦，但依然值得一试。
- 好奇美国佬：意大利餐前酒，类似于利莱白葡萄酒和味美思，但味道更甜美，更多一点儿辣味和苦味。本月它出现在“死而复生 2 号”（见 P156）中。
- 当酒：糖浆一般的甜利口酒，自 1510 年就流传于世。诺曼底地区的教士用它预防疟疾，后来人们把它兑白兰地喝，甚为流行（有些酒厂兑好后装瓶，贴上 B&B 的标签）。
- 菲奈特·布兰卡：最近，这款酒在美国调酒师、侍者和厨师当中迅速流行。在传播的起点旧金山，人们常常拿它兑干姜水或姜汁啤酒。它也是一种苦味阿玛罗（如下）。
- 阿玛罗：意大利苦甜药草利口酒的一种，原料有药草、花卉、树皮、根茎、柑橘皮与香料。一般较黏厚，甜比糖浆（味苦些），一般用作餐后酒。著名品牌有雅凡那、诺妮酒庄和受到狂热追捧的菲奈特·布兰卡。另外还有薄荷味浓郁的布兰卡·蒙塔（菲奈

派对小知识

菲奈特·布兰卡等比特酒可用作餐后酒，也可以缓解宿醉。

特·布兰卡兑薄荷甜酒）和大黄利口酒朱卡。

- 杜林标：加入蜂蜜和香料的威士忌利口酒。
- 查特酒：餐后酒，黄色或绿色。黄色的更温和甜美，但两种都有药草香，传说是 130 种药草组成的秘密配方，有肉桂、丁香、松木等多种风味。人们相信它有药物作用，可以帮助消化，防止恶心呕吐。

坚果味：这类饮料有非常突出的坚果味。如果你喜欢冰激凌里的阿月浑子，或习惯把杏仁当零食，你也一定会爱上这种甜味利口酒。

- 意大利苦杏酒：杏仁和杏子为原料制作的甜酒。
- 意大利榛子利口酒：榛子为原料制作的利口酒。

口感测试

本月我们要研究两种药草／苦味蒸馏酒，严格说来它们不能单点，但依然重要。准备加入酒吧达人的行列吗？倒一杯现下调酒师为之狂热的菲奈特·布兰卡吧。直接喝就不错，冰镇或者加冰也都美味。

接下来，倒另一种浓烈的利口酒——苦艾酒。取一碗方糖，买一只苦艾酒勺，让客人与“绿色仙子”进行亲密接触。玻璃杯中倒几十毫升苦艾酒，漏勺平放于杯子上方，上搁一小块方糖。慢慢用水浇方糖，看着杯中绿色变白。

先后试味，讨论两者区别。它们都味苦、有药香。你更喜欢加糖还是无糖呢？

花香：有了花香型酒，似乎能把花园搬进玻璃杯呢。用它们调制鸡尾酒，有一种浪漫的香水味和甜香，平衡了其他原料的粗涩。

- 圣日耳曼接骨木花利口酒：这款 40 度的工艺酒以精选接骨木花为原料，有柑橘、梨子和荔枝的风味。
- 橙花水：橙花蒸馏而成，一般在杯中滴一两滴即可。

酒吧词源

标有“crème de（奶油）”的甜利口酒其实根本不含奶油。“crème”指的是它们奶油般的高黏稠度。

调制准备

一整年，我都在期盼这个月的鸡尾酒俱乐部，因为利口酒等原料可以制成各种有趣的饮料。我们会调制两种飘仙饮料——经典而清爽的“飘仙 1 号”（如下）和洋溢冒险精神的“镇压者 2 号”（见 P155）、以药草味查特酒为原料的宝石（见 P154）、有金巴利苦味的经典美国海波（见 P154），以及死而复生系列最流行的、以利莱白葡萄酒为特色的 2 号。准备好摇酒壶，一起探索吧！

“镇压者 2 号”（见 P155）

本月小贴士

本月的大多数利口鸡尾酒都可以用碟形香槟杯或海波杯盛放。

怀旧经典

“飘仙 1 号”

1 人份

“飘仙 1 号”是温网冷饮，可以与苹果、草莓、大黄、柠檬片、迷迭香或薄荷枝搭配。实际上倒不像鸡尾酒，更像水果沙拉。如果觉得饿，多加装饰；如果单纯喜欢喝饮料,简单的黄瓜装饰就够了。

- 冰块
- 45 毫升“飘仙 1 号”
- 1/4 杯（60 毫升）柠檬青柠苏打水（见说明）
- 30 毫升苏打水
- 1 片黄瓜条，装饰用

华丽变身

把柠檬青柠苏打水换成香槟，就调制出了王室杯（Royal Cup）。

飘仙和两种苏打水放在摇酒壶加冰调和，以黄瓜装饰。

说明：原配方是柠檬青柠苏打水，但美式苏打水偏甜，可以用柠檬汽水或 30 毫升新鲜柠檬汁与干姜水调制。

宝石（Bijou）

1 人份

“Bijou”在法语中意为“宝石”，此酒因有三种宝石色而得名：钻石（清澈的金酒）、红宝石（红味美思）和绿宝石（查特酒）。

- 冰块
- 90 毫升金酒
- 30 毫升绿色查特酒
- 30 毫升甜味美思
- 0.2 毫升橙味比特酒
- 柠檬皮，装饰用

将金酒、查特酒、味美思和比特酒放入摇酒壶加冰调和，滤入玻璃杯。以柠檬皮装饰。

美国海波

1 人份

- 冰块
- 45 毫升甜味美思
- 45 毫升金巴利
- 苏打水
- 火烤橙皮（见 P51）

细长杯加冰，放味美思、金巴利，最后倒入苏打水。在杯子上方点燃橙皮，扔进杯子装饰。

潮流新饮

意大利柠檬甜酒普罗塞柯浮冰

以果汁冰糕、伏特加和普罗塞柯为原料的意大利起泡酒浮冰是这款酒的灵感来源。柠檬冰糕和伏特加换成意大利柠檬甜酒（见 P149），便制成了这款酒。

- 1/4 杯（60 毫升）意大利柠檬甜酒，最好刚从冷库取出
- 1/4 杯（60 毫升）冰镇普罗塞柯

柠檬甜酒倒进冰过的马天尼杯，将冰镇普罗赛柯漂浮其上。

“镇压者 2 号”

1 人份

镇压者系列鸡尾酒是佐治亚州亚特兰大市一群调酒师的原创。这一系列鸡尾酒是低浓度蒸馏酒、葡萄酒、加强型葡萄酒或味美思的混合。由于酒精浓度低，中午喝一两杯都不需要打盹儿。

- 冰块
- 30 毫升“飘仙 1 号”
- 30 毫升好奇美国佬或利莱白葡萄酒
- 1 餐勺都灵干味美思
- 1 餐勺祖卡酒
- 0.2 毫升柠檬比特酒，如比特储斯柠檬比特酒
- 1 块柠檬卷
- 3 块黄瓜薄片
- 海盐

摇酒壶装冰，加入飘仙、好奇美国佬、味美思、祖卡和比特酒。摇和后滤入玻璃杯。

柠檬皮压出油，滴入杯中，皮丢弃。酒上放黄瓜片和少量海盐。

“死而复生 2 号”

1 人份

镇压者是低浓度酒精饮料。另一方面，有一种传统鸡尾酒叫做“死而复生”，能帮助身体从一晚的狂饮中恢复出来。《萨瓦鸡尾酒手册》称它们应在“早 11 点之前或精力不足时饮用”。

- 冰块
- 30 毫升金酒
- 30 毫升君度
- 30 毫升利莱白葡萄酒
- 30 毫升鲜榨柠檬汁
- 0.2 毫升苦艾酒
- 1 片橙皮卷，装饰用

金酒、君度、利莱、柠檬汁和苦艾酒放摇酒壶加冰摇匀、冷却，滤入冰过的玻璃杯。橙皮挤压出汁，放入杯中即可享用。

美食时刻

风味太多，但时间却太少了。本月的美酒杯杯个性鲜明，我们的咖喱花椰菜和多风味烧烤奶酪却是万能搭配。试试不同组合，看看最喜欢哪种。

烤起司迷你三明治

12 人份

- 1/4 杯（1/2 根或 55 克）无盐黄油，软化
- 4 片酵母面包
- 4 片黑麦面包
- 115 克格鲁耶尔奶酪，切片
- 115 克烟熏高达奶酪，切片

中火预热无柄炒锅。取 1/2 餐勺黄油抹在每片面包的一边。取 2 片黑麦面包，黄油面朝下入锅。每片面包上搁 2 片格鲁耶尔奶酪，叠上另 2 片黑麦面包，黄油面朝下。烤至三明治呈金黄，奶酪融化，约每面 2 分钟。酵母面包和烟熏高达的操作一样。

三明治冷却几分钟，切成 2.5 至 4 厘米厚的长条。温热或常温食用。

烘烤咖喱花椰菜配印度黄瓜酸奶酱

8 至 12 人份

花椰菜

- 3 餐勺橄榄油
- 1 餐勺加 1 茶勺黄咖喱粉
- 1 茶勺孜然粉
- 1/4 茶勺红辣椒片
- 1/2 茶勺盐
- 约 8 杯（1820 克）花椰菜

印度黄瓜酸奶酱

- 1/2 杯（120 毫升）原味希腊酸奶
- 1 瓣大蒜，切碎
- 1/2 杯（115 克）碎黄瓜
- 1 餐勺新鲜薄荷，切碎
- 少量盐
- 少量鲜胡椒粉

花椰菜制作 预热烤炉至 220℃。取大碗，放油与香料搅匀。放入花椰菜，均匀裹上油和香料。将花椰菜平摊在有边的烤盘里，烤 20 至 25 分钟，或者烤至变软，开始变棕色。

印度黄瓜酸奶酱 中等大小的碗里拌好所有原料，放冰箱储存，吃时取出。

温热或常温的花椰菜与黄瓜酸奶酱一起上桌。

10 分钟简约鸡尾酒

精简本月的俱乐部有点儿可惜，但如果只能调制一款鸡尾酒，我推荐“镇压者 2 号”（见 P155）。它使用了我们讨论的好几种利口酒，包括著名的“飘仙 1 号”。别忘了配上几片新鲜黄瓜和鹰嘴豆泥，喝得美味，吃得开心。

皇家基尔（见 P164）

十二月

起泡鸡尾酒

整整一年，和朋友一起调制、品尝鸡尾酒，祝贺你做到了！现在你了解了主要类别、摸清了调酒壶的使用方法，并能理解任何递过来的酒单了。所以，本月我们要调制几种起泡鸡尾酒，庆祝鸡尾酒俱乐部大获成功。准备好拔出几管软木塞，尽情享用起泡酒吧。

了解起泡酒

需要了解多少知识，才能享用香槟？一定不会很多。你很可能已经喝过香槟，还觉得不错。但如果想深入探索，并调制起泡鸡尾酒，来好好上这堂速成课吧！

任何有气泡的葡萄酒都可以叫做起泡葡萄酒，但不是所有都叫做香槟。严格说来，只有法国东北香槟地区生产的起泡葡萄酒，才被赋予香槟之名，其他的只叫做起泡葡萄酒而已。当然，不同国家起泡酒葡萄酒有不同称呼。

- 法国：Vin mousseux（葡萄气酒）、Cremant d' Alsace（阿尔萨斯）、Cremant d' Bourgogne（勃艮第）
- 西班牙：Cava（卡瓦）
- 意大利：Prosecco（普罗赛柯）、Spumante Frizzante（普西哥汽泡酒）
- 德国：Sekt（起泡酒）

口感测试

了解起泡酒区别的最佳方式就是试喝。所以，在调制鸡尾酒之前，分别倒 30 毫升的香槟、普罗赛柯、卡瓦和加利福尼亚起泡酒，请俱乐部成员观察、闻嗅、品尝。

以标识酒

说到起泡酒，它们标签上的不少内容可以帮助识酒。以下列出一些术语。

Blanc de Blanc　字面意思是“白至白”，指用白葡萄霞多丽酿造的白香槟。

Blanc de Noir　字面意思是“黑到白”，指用红葡萄黑皮诺酿造的白香槟。虽然原料是红葡萄，但酒的颜色在淡粉与无色之间。

Rosé　如果看到起泡酒的标签上有“Rosé”，这意味着酒的颜色介于鲑鱼肉色到粉色之间，它来自发酵时葡萄皮与汁液的接触。制酒最后阶段加入桃红葡萄酒也可以达到这种效果。

Doux 和 Dolce　分别是法语和意大利语的“甜美”。

Demi-sec　字面意思是“半干”，其实还挺甜。

Extra-Dry 或 Extra-Sec　没有下面这种干，但也不甜。

Brut　真的很干！一般调制鸡尾酒用它。此外还有超干、特干、自然干，都是干型起泡酒。

酒吧词源

游荡在葡萄酒里的一串串小起泡被叫做“perlage（珍珠）”。看到这个词，我都会想象一串串小珍珠项链缓缓从笛形杯底浮上来。

没有数字的游戏

人们很注重葡萄酒的年份（葡萄收获的年份），这是由于生长季节的气候非常重要。但大多数起泡酒使用不同年份的葡萄共同酿造，是无年份酒（“NV”）。如果你看到起泡酒贴了年份标签，那它应该非常昂贵，因为酒庄只为最佳年份推出年份起泡酒。

酒吧词源

“Petillance”这个法语词形容的是喝到气泡时微妙的陶醉感。有时不起泡的葡萄酒也有。

自制白兰地樱桃

约 4 杯（910 克）量

白兰地樱桃是酒吧常用的装饰。做法简单，可以替换任何鸡尾酒（如曼哈顿和阿玛罗酸酒）中起装饰作用的马拉斯奇诺樱桃。直接在盛放起泡酒的笛形杯中放一两枚，滋味也是极好的。

- 1/2 杯（100 克）糖
- 2 茶勺鲜榨柠檬汁
- 1 条肉桂棒
- 1 枚八角茴香
- 1/2 香草豆
- 455 克新鲜甜樱桃，洗净摘梗去核
- 1/2 茶勺香草精华
- 1 杯（240 毫升）白兰地

取炖锅，将 1/2 杯（120 毫升）水、糖、柠檬汁、肉桂棒、八角茴香和香草豆。慢炖，搅拌使糖融化。加入樱桃炖 5 分钟。熄火，添加香草精华和白兰地，搅拌。

樱桃冷却后，装入罐子或有盖容器。盖好后放冰箱冷藏，保质期最长 6 个月。

说好祝酒辞

不少节日即将来临，日程表上满满都是派对和庆典。不管对主人，还是对热爱举杯的客人来说，这都是祝酒的季节。为了不让鸡尾酒俱乐部的祝酒辞显得十分蹩脚，以下给出几点小建议，使祝酒辞简洁明了又令人难忘。

- 你不是重点，不要长篇大论地介绍自己。
- 具体到致辞的场合与对象。讲些对方的小故事，让被祝酒的人感到特别。
- 眼神交流。有些文化中，回避眼神交流是坏运气的象征。
- 不要死记祝酒辞，这样你说的话才更真实、不刻意。可以写几笔提示，不过，有缺陷但甜蜜的故事与真诚的笑容比刻意准备的演讲要好得多。
- 了解听众。让听众不自在是大杀器。

- 积极向上。祝酒辞一定要积极向上。
- 简短。时长大约 1 分钟，讲完后即可举杯共饮。

酒吧词源

Petillance 是个法语词，指口中轻微的起泡感。可以指起泡酒的泡沫和气泡味，但有时无泡葡萄酒也会有这种口感。

调制准备

起泡酒有无色，有浅黄，有鲑鱼肉色，还有粉色。观察时，注意气泡串是大是小，是多是少？一般意大利和西班牙起泡酒的气泡较大易破；法国和加州起泡酒的小“项链”则精致牢固。起泡葡萄酒均酒体轻盈，惟有甜点味起泡酒口感醇厚。你可能尝出的味道有酵母、柑橘、梨子、苹果和花卉。普罗赛柯是桃与杏的风味，而法国和美国的酒则酵母味和水果味更重。粉色起泡酒如“黑到白（Blanc de Noir）”一类，香味都类似粉色水果，如草莓干、成熟覆盆子和樱桃等。

起泡酒给鸡尾酒中带来的最显著特征便是杀口感：可以是舌尖微弱的酥麻，也可以是口腔的一场气泡盛宴。注意气泡对余味的影响。起泡鸡尾酒不仅余味清新明快，还能让人口舌生津，让你想再来一杯。含羞草和贝利尼是很有名，但我们本月会接触到更有趣的领域：使用大量比特酒的老式饮料香槟鸡尾酒；金酒鸡尾酒法兰西 75（见 P163）；经典皇家基尔（见 P164）。我的新宠草莓薄荷起泡斯马喜（见 P164）颜色粉嫩但并不甜腻。如果喜欢甜些的饮料，以来自俄罗斯的爱情（见 P164）吻别这一整年的俱乐部活动吧！

本月小贴士

调制起泡鸡尾酒不需要昂贵的唐培里侬香槟王，也不用中档品牌凯歌香槟。最物有所值的是西班牙的卡瓦和意大利的普罗赛柯，一般不超过 20 美元。我建议调制香槟鸡尾酒、法兰西 75 和皇家基尔时使用香槟。

杯子的使用　本月需要笛形香槟杯和碟形香槟杯。前者柄长口小，防止气泡逸出；而后者的古典美则让鸡尾酒精致可爱。

拔软木塞的技巧 起泡酒一定要冰镇，否则打开时会爆开。开起泡酒时，记住以下步骤。

- 抓好：左手抓稳瓶底，右手放在木塞上（左撇子相反）。
- 揭下箔纸：小心取下木塞周围的箔纸和金属丝。木塞露出部分用干净的厨房巾或亚麻餐巾擦净。
- 拧：瓶口避人倾斜 45 度。一手隔餐巾握住瓶塞，另一手轻轻拧转瓶身（不是拧木塞）。让瓶内压力将木塞轻轻顶出。

倒底酒 杯中先倒 30 毫升，这叫做底酒。气泡散开后再倒至杯子约 2/3 满。如果调制阿佩罗菲士或接骨木花起泡酒，只倒底酒就足够了。

怀旧经典

法兰西 75

1 人份

以一战和二战期间一种大炮的名称命名。

- 冰块
- 1/4 杯（60 毫升）金酒
- 1 茶勺普通糖浆（见 P15）
- 30 毫升鲜榨柠檬汁
- 冰镇香槟

鸡尾酒摇酒壶装冰，加入金酒、糖浆和柠檬汁摇和冷却，滤入笛形杯，倒入香槟收尾。也可用装半杯冰块的柯林杯盛放。

香槟鸡尾酒

1人份

- 1块方糖
- 0.8 ~ 1.2 毫升安哥斯图娜比特酒
- 冰镇香槟
- 柠檬卷，装饰用

方糖放在笛形香槟杯底，糖块上滴满比特酒。接着倒入香槟，以柠檬卷装饰。

皇家基尔

1人份

在美国烹饪学院著名的埃科菲餐厅，这是精选的传统法式餐前酒。

- 1餐勺黑加仑利口酒
- 90 毫升冰镇香槟

笛形香槟杯中先后倒入黑加仑利口酒和香槟。

潮流新饮

草莓薄荷起泡斯马喜

1人份

- 3 ~ 4 片新鲜薄荷叶
- 0.4 ~ 0.6 毫升安哥斯图娜比特酒
- 3枚熟草莓，2枚去萼切片，1枚完整留梗
- 30 毫升干邑
- 冰镇桃红起泡葡萄酒

细长杯中放薄荷叶片（放入前先搓揉）和比特酒，轻轻挤压。放入草莓切片和干邑，再次轻轻挤压。添加桃红起泡酒后，全部倒入碟形香槟杯，以整只草莓装饰。

来自俄罗斯的爱情

1人份

- 1餐勺歌帝梵黑巧克力利口酒
- 1餐勺香博利口酒
- 冰镇香槟
- 可可豆，装饰用

笛形香槟杯中先后倒入歌帝梵、香博、香槟。根据爱好撒上可可豆。

阿佩罗菲士

1 人份

阿佩罗菲士是我鸡尾酒俱乐部的第一杯饮料。这款泛着可爱橙黄色的起泡酒见证了葡萄酒俱乐部的结束，也是鸡尾酒俱乐部的开始。尝一口，你就知道原因了。

- 30 毫升阿佩罗
- 90 毫升冰镇普罗赛柯

笛形香槟杯中先后倒入阿佩罗和普罗赛柯。

华丽变身

要调制接骨木花起泡酒，只需把阿佩罗替换成 15 ~ 30 毫升接骨木花利口酒，再倒入冰镇起泡葡萄酒收尾。

美食时刻

这次，我们为本月俱乐部准备的开胃点心也适合平时的假期聚会。迷你蔬菜冷盘和黑松露意式烤面包片不但应景，更能完美适配阿佩罗菲士（见 P164）与传统香槟鸡尾酒（见 P164）。香甜的迷迭香柠檬条与甜味起泡酒更是一对美味搭档。

乳清干酪、松露油 & 鲜胡椒粉意式烤面包片

10 至 12 人份

- 1 根法式长棍，约 55 厘米长，斜切为片
- 1 至 2 餐勺橄榄油
- 430 克半脱脂乳清干酪，苏莲托为佳
- 松露油，滴撒用
- 新鲜胡椒粉
- 海盐

烤箱预热，烤架放在距离底部 12 至 15 厘米处。长棍切片放入烤盘，涂刷橄榄油。烘烤到颜色金黄，约 2 至 3 分钟。（注意不同烤箱功率不同，所用时间也不同。）

每块烤面包片放 1 餐勺乳清干酪，滴撒松露油，撒上新鲜胡椒粉，最后撒一把海盐。即刻上桌。

迷你蔬菜冷盘配自制蓝纹奶酪调料

蓝纹奶酪调料

- 1/2 杯（115 克）蓝纹奶酪碎屑
- 1/4 杯（60 毫升）酪乳
- 1/4 杯（60 毫升）酸奶油
- 1 餐勺鲜榨柠檬汁
- 2 餐勺细切鲜细香葱（可选）
- 1/2 茶勺犹太盐
- 1 茶勺鲜胡椒粉

蔬菜冷盘

- 1/2 大只红甜椒，切为 12（9 至 10 厘米）条
- 1/2 大只黄椒，切为 12（9 至 10 厘米）条
- 36 条四季豆，择好
- 6 株芹菜，切为 24（9 至 10 厘米）根
- 6 只中等至大号洋葱，切为 24（9 至 10 厘米）根

调料制作 碗中搅打所有原料，直至拌匀、顺滑。

蔬菜冷盘制作 取 12 只标准大小的子弹杯（我的是 60 毫升），均装入 2 茶勺蓝纹奶酪调料。蔬菜均分入杯（每杯各 3 条四季豆、洋葱和芹菜各 2 条、两种椒各 1 条），放入冰箱保存，上桌取出。

注意：如改用商店购买的调料，1 杯（240 毫升）量即可。

迷迭香柠檬块

10 至 12 人份

外壳

- 1/2 杯（1 根 / 115 克）无盐黄油，软化
- 1/4 杯（50 克）砂糖
- 1 杯（130 克）中筋面粉
- 少许盐
- 1 餐勺新鲜迷迭香，切细

馅

- $1^1/_2$ 杯（300 克）砂糖
- 1/2 杯（120 毫升）鲜榨柠檬汁
- 1/2 杯（65 克）中筋面粉
- 3 枚大鸡蛋，常温
- 1 餐勺柠檬皮
- 1/2 杯（50 克）糖粉，待撒

预热烤箱至 175℃。取 20×20 厘米的烤碟，铺上锡纸，让一些锡纸挂在边上。

外壳制作 用立式或手持式搅拌器搅拌黄油和砂糖至呈奶油状。另取碗搅打面粉和盐，缓慢加入低速运转的黄油搅拌器，混匀后，放迷迭香调匀。

黄油等倒入烤碟压平，一部分贴上碟边（可以用量杯、陶瓷烤碗等平底器具辅助压平，越平越好）。放冰箱 10 分钟。

取出后，烘烤至金黄，微微膨胀，大约 15 至 20 分钟。熄火，开烤箱，使其在烤架上冷却，同时开始制馅。

馅的制作 取中等大小的碗，放入砂糖、柠檬汁、面粉、鸡蛋、柠檬皮搅打均匀。倒入冷却的外壳，再烤 20 至 25 分钟，或烤至柠檬块中间开始微微颤抖。

冷却至少 1 小时后切块。切前用悬边的锡纸拉出柠檬块，撒糖粉。切为 32 只（1.2 厘米）方块即可。

10 分钟简约鸡尾酒

要精简本月的准备工作？黑加仑利口酒兑起泡葡萄酒简单方便又优雅可人。皇家基尔（见 P164）几乎搭什么都好吃。给客人端上新鲜酵母圆面包蘸菠菜洋蓟酱，或者一般的传统假日甜食，一起举杯共庆假期的开始吧！

皇家基尔（见 P164）

致 谢

衷心感谢协助我完成此书的大家。

感谢父母。虽然这样说有些老套，但很真实：没有你们，就没有我。感谢你们一直鼓励我做最好的自己，感谢你们成为孩子们最好的外公外婆。

感谢迈克尔，你是最完美的丈夫和我的第一任编辑，你让我想要写出更好的作品，并且真的做到了（你的修改妙趣横生，让我开怀大笑）。感谢你在我写作时独自照顾孩子，你依然是我最性感的调酒师。感谢可爱的克里斯托弗和艾略特，你们的笑容和依偎每天激励着我。妈妈爱你们。

感谢家人科琳和杰瑞、戴夫和克里斯蒂、K和西恩，以及整个彼得洛斯基大家庭，感谢你们的爱与支持。

感谢代理人梅尔·弗莱士曼，是你对美国威士忌的热爱让我的书得以出版。对了，迈克尔·费朗特回应了我一个接一个的电话，请给他加薪吧！特别感谢你们一路给我的宽慰。

非常感激 Stewart, Tabori & Chang 出版社，最要感谢的是我出色、见解深刻、聪明而创造力丰富的编辑莱斯利·斯托克和克里斯蒂娜·加尔西斯，有你们坐镇，我比其他作者都要幸运。感谢你们。

感谢专业又天才的摄影团队——塞耶·高迪、凯伦·肖彼得、苏珊妮·兰泽和菲利普·诺恩多夫，你们让这本书光彩夺目。

感谢瓦妮莎·帕克·麦克伊特耶，感谢你试验配方，感谢你的高超厨艺，最感谢你一路陪伴着我。感谢戴维·沃德里奇、达勒·德格罗夫、卢·布赖森和艾米·扎瓦托的专业指导。感谢所有朋友的相伴！

感谢亚历山大·斯克兰斯基、弗兰克·克勒曼、丽莎·哈科金斯和比姆、丹·科亨、克拉克森·海恩的朋友，感谢美国蒸馏酒委员会协助完成本书的蒸馏酒部分。

感谢“今日秀”团队：大明星亚当·J·米勒、天才塔米·福勒、超棒的乔安妮·拉马尔卡、兰尼·法瑞尔和布列塔尼·史瑞贝尔，感谢世界上最了不起的厨房节目栏目组：比安卡、阿里和德布，以及虽然离开却不会被忘记的利什。向赫达和凯西李的“美食无处不在”精神致敬！我喜欢和你们一起闲逛！感谢纳塔利、阿尔、威利、卡尔森和萨瓦纳试尝我的配方，纵容我的想法，感谢你们发自内心的友善和热情。

感谢 thekitchn.com 的菲思·杜兰德为我拍照，让我获得了新相机。没有你，就没有“10 分钟简约鸡尾酒”。我想对世界各地才华横溢的网站成员说：很荣幸和你们共事。

最后，感谢所有《葡萄酒俱乐部》的死忠，感谢这八年充满爱与欢笑的俱乐部活动。现在，换个口味，拿起摇酒壶，一起调制鸡尾酒吧！

参考文献

1. Bergeron, Victor Jules. Trader Vic's Bartender's Guide. New York: Doubleday, 1972.
2. Calabrese, Salvatore. The Complete Home Bartender's Guide. New York: Sterling Epicure, 2012.
3. Craddock, Harry. The Savoy Cocktail Book. London: Constable & Co., 1930.
4. Degroff, Dale. Craft of the Cocktail. New York: Clarkson Potter, 2002.
5. Haigh, Ted. Vintage Spirits & Forgotten Cocktails. Beverly, MA: Quarry Books, 2009.
6. Meehan, Jim, Chris Gall. The PDT Cocktail Book. New York: Sterling Epicure, 2011.
7. Parsons, Brad Thomas. Bitters. Berkeley: Ten Speed Press, 2011.
8. Regan, Gary. The Joy of Mixology. New York: Clarkson Potter, 2003.
9. Spivak, Mark. Iconic Spirits. Guilford, CT: Lyons Press, CT, 2012.
10. Wondrich, David. Esquire Drinks. New York: Hearst Books, 2004.
11. Wondrich, David. Imbibe! New York: Perigree, 2007.
12. Wondrich, David. Punch. New York: Perigree,2010.